内蒙古中东部地区旱作农业技术

李寿强　王　璐　杨　宁　主编

中国农业科学技术出版社

图书在版编目（CIP）数据

内蒙古中东部地区旱作农业技术 / 李寿强，王璐，杨宁主编. -- 北京：中国农业科学技术出版社，2024.12. -- ISBN 978-7-5116-7197-4

Ⅰ. S343.1

中国国家版本馆CIP数据核字第2024QM1838号

责任编辑　李冠桥
责任校对　王　彦
责任印制　姜义伟　王思文

出 版 者	中国农业科学技术出版社
	北京市中关村南大街12号　　邮编：100081
电　　话	（010）82106632（编辑室）　（010）82106624（发行部）
	（010）82109709（读者服务部）
网　　址	https://castp.caas.cn
经 销 者	各地新华书店
印 刷 者	北京捷迅佳彩印刷有限公司
开　　本	185 mm×260 mm　1/16
印　　张	9.25
字　　数	202千字
版　　次	2024年12月第1版　2024年12月第1次印刷
定　　价	50.00元

版权所有·侵权必究

《内蒙古中东部地区旱作农业技术》编委会

主　编　李寿强　王　璐　杨　宁

副主编　马　超　王伟妮　张永乐　刘艳梅　杨新宇
　　　　　关　菁　刘俊梅

编　委（按姓氏笔画排序）

马　超　王　坤　王　浩　王　璐　王文东
王伟妮　王春辉　乌学敏　白嗣鲜　包明哲
邢　扬　刘华峰　刘俊梅　刘艳梅　刘晓民
刘海亮　关　菁　孙　霞　杨　宁　杨新宇
李　苑　李　轲　李　婷　李文彪　李红艳
李纪维　李寿强　李松树叶　　　　李炳华
李桂英　李海燕　李淑芳　李维琦　张　宇
张　莉　张小强　张永乐　张丽清　张豪强
阿乐达日喜　　　苑喜军　罗　方　金雪雍
郑瀚霄　赵　彬　赵晓风　胡玉敏　晋永芬
贾　宇　贾文姝　萨础拉　董永清　韩晓辉
傅莉辉　鲁耀泽　鲍新玥　澈乐木格
糜欣苑

前言

在内蒙古的农业版图中，旱作农业无疑是浓墨重彩的关键一笔。旱地约占内蒙古耕地面积的60%，其产出的粮食量接近全区粮食总产量的50%，已然成为农业增产的核心支柱。内蒙古的旱作农业，有着深厚的历史根基。明末清初，随着大规模移民的涌入，旱作农耕方式在此落地生根。先辈们凭借着勤劳与智慧，创造出以耕耙耱为代表的抗旱保墒技术，为内蒙古旱作农业的长远发展铺就了第一块基石。中华人民共和国成立后，尤其是进入20世纪80年代，传统旱作农业开启了全面革新的新纪元。它突破了传统的局限，逐步构建起一个涵盖良种选育、科学耕作方法创新、经济效益与社会效益并重、生态效益协同发展的综合性先进技术体系。这期间，地膜覆盖、保护性耕作、集雨灌溉、秸秆还田、土壤水库、化学抗旱、抗旱良种以及喷灌、滴灌、水肥一体化等一系列高效节水技术相继涌现并得到广泛应用。

各盟市、旗县的农业技术工作者与农民群众在实践中不断探索创新，将各项技术优化配套，成功打造出极具适应性的旱作农业技术体系。如清水河县的抗旱水窖、武川县的等高田、喀喇沁旗的垄膜沟植、宁城县的保护性耕作、固阳县的马铃薯水肥一体化等，这些技术的应用为旱作区带来了显著的经济、生态和社会效益，成为内蒙古粮食连年丰收的坚实保障。

当前，内蒙古农业面临着耕地资源减少和生态环境压力增大的严峻形势，旱作区既是挑战所在，更是希望所系。大力提升旱作区农业生产潜力，走集约型绿色可持续发展道路，是实现农业长远发展的必由之路。

《内蒙古中东部地区旱作农业技术》汇集了多年来内蒙古中东部地区最具代表的旱作农业技术成果，既为各地发展旱作农业提供相互借鉴，也展示了内蒙古旱作农业所取得的重大成效和发展前景，对内蒙古农业的稳定、协调发展起到积极作用。

编　者

2024年12月

目录

第一章 大兴安岭丘陵区旱作农业技术 …… 1
第一节 区域概述 …… 1
一、地理位置与行政区划 …… 1
二、旱作农业区域划分 …… 1
三、农业及旱作农业重要地位 …… 3
第二节 制约因素和存在问题 …… 5
一、自然条件差 …… 5
二、基础设施薄弱 …… 6
三、生产技术落后 …… 7
第三节 技术推广现状 …… 7
第四节 主要技术模式 …… 8
一、大兴安岭东麓旱作农业技术 …… 8
二、大兴安岭西麓旱作农业技术 …… 13
第五节 技术规程规范 …… 15
技术规程1 大兴安岭东麓丘陵区玉米全膜双垄沟播技术规程 …… 15
技术规程2 大兴安岭东麓丘陵区大豆大垄宽台种植技术规程 …… 19
技术规程3 大兴安岭西麓旱作区保护性耕作技术规程 …… 21
第六节 发展建设思路 …… 25
一、加大基础设施建设，推进旱作节水技术步伐 …… 25
二、加大科技资金投入，提高旱作农业科技含量 …… 26
三、引导土地集中流转，增大规模化的生产能力 …… 26

第二章 阿荣旗旱作农业技术 …… 27
第一节 区域概述 …… 27
一、农业概况 …… 27
二、耕地资源基本情况 …… 28
第二节 制约因素和存在问题 …… 29
一、制约因素 …… 29
二、存在问题 …… 30

　　第三节　技术推广现状 ……………………………………………… 31
　　第四节　主要技术模式 ……………………………………………… 32
　　　　一、机械化深耕深松技术 ……………………………………… 32
　　　　二、玉米地膜覆盖栽培技术 …………………………………… 34
　　　　三、玉米秸秆还田技术 ………………………………………… 35
　　　　四、大豆节水补灌技术 ………………………………………… 36
　　　　五、玉米作物节水补灌技术 …………………………………… 37
　　第五节　技术规程 …………………………………………………… 39
　　　　一、旱地土壤水库建设技术规程 ……………………………… 39
　　　　二、旱作节水补灌（喷灌）技术规程 ………………………… 41
　　第六节　发展建设思路 ……………………………………………… 43

第三章　燕山北麓区旱作农业技术 …………………………………… 45
　　第一节　区域概况 …………………………………………………… 45
　　　　一、区域划分 …………………………………………………… 45
　　　　二、气候土壤 …………………………………………………… 45
　　　　三、农业生产概况 ……………………………………………… 46
　　　　四、旱作农业技术推广现状 …………………………………… 47
　　　　五、主要制约因素和存在问题 ………………………………… 50
　　第二节　主要技术模式 ……………………………………………… 51
　　　　一、常规地膜覆盖栽培模式（半膜覆盖） …………………… 51
　　　　二、垄膜沟植技术 ……………………………………………… 52
　　　　三、膜下滴灌栽培技术 ………………………………………… 52
　　　　四、测土配方施肥技术 ………………………………………… 53
　　　　五、垄膜沟植技术 ……………………………………………… 58
　　　　六、深耕深松技术 ……………………………………………… 61
　　　　七、保护性耕作技术 …………………………………………… 62
　　　　八、坡耕地改造技术 …………………………………………… 65
　　　　九、水肥一体化技术 …………………………………………… 67

第四章　喀喇沁旗旱作农业技术 ……………………………………… 71
　　第一节　区域概述 …………………………………………………… 71
　　　　一、基本情况 …………………………………………………… 71
　　　　二、农田基础设施 ……………………………………………… 72
　　第二节　制约因素和存在问题 ……………………………………… 74

一、农业投入严重不足 ………………………………………………………… 74
　　二、旱作农田面积大，水资源较为缺乏 ……………………………………… 74
　　三、农田水土流失严重，旱作产量低而不稳 ………………………………… 74
　　四、掠夺式经营，营养失调 …………………………………………………… 74
第三节　技术推广现状 ……………………………………………………………… 74
　　一、秸秆还田技术 ……………………………………………………………… 75
　　二、地膜覆盖及垄膜沟播集雨技术 …………………………………………… 75
　　三、保护性耕作技术 …………………………………………………………… 76
　　四、化学保墒技术 ……………………………………………………………… 76
　　五、水肥一体化技术 …………………………………………………………… 76
　　六、农艺节水技术 ……………………………………………………………… 77
第四节　主要技术模式 ……………………………………………………………… 77
　　一、东部粮食作物为主、经济作物适度发展区 ……………………………… 77
　　二、中部经济作物主产区 ……………………………………………………… 78
　　三、西南特色作物种植区 ……………………………………………………… 79
第五节　技术规程规范 ……………………………………………………………… 80
　　一、玉米垄膜沟播集雨技术规程 ……………………………………………… 80
　　二、谷子全膜双垄沟播技术规程 ……………………………………………… 81
　　三、高粱全膜覆盖抗旱节水栽培技术规程 …………………………………… 82
　　四、玉米膜下滴灌技术规程 …………………………………………………… 84
　　五、保护性耕作技术实施要点 ………………………………………………… 86
第六节　发展建设思路 ……………………………………………………………… 89
　　一、建设高产高效基本农田 …………………………………………………… 89
　　二、建设旱作稳产基本农田 …………………………………………………… 89
　　三、大力开发有机肥源，培肥地力 …………………………………………… 90
　　四、推广应用农业技术 ………………………………………………………… 90

第五章　阴山丘陵区旱作农业技术 ……………………………………………………… 91
　第一节　区域概况 …………………………………………………………………… 91
　第二节　制约因素及存在问题 ……………………………………………………… 94
　　一、自然条件差 ………………………………………………………………… 94
　　二、基础设施薄弱 ……………………………………………………………… 95
　　三、农村劳动力转移，旱坡地处于半弃耕状态 ……………………………… 95
　　四、小农户经营组织化程度低，制约了农业产业的发展 …………………… 96
　　五、粗放耕作，科技含量低 …………………………………………………… 96

第三节 技术推广现状 ··· 97
    一、核心技术 ··· 97
    二、综合集成技术 ··· 100

第四节 主要技术模式 ··· 101
    一、等高田建设技术模式 ··· 101
    二、带状间作轮作技术模式 ··· 103
    三、全膜覆盖沟播（侧播）抗旱集雨技术模式 ··· 104

第五节 技术规程 ··· 106
    一、水地小麦栽培技术规程 ··· 106
    二、旱地小麦栽培技术规程 ··· 107
    三、水地马铃薯 3000kg/亩栽培技术 ··· 109
    四、旱地马铃薯栽培技术规程 ··· 112
    五、旱地莜麦栽培技术规程 ··· 114
    六、旱地油菜籽栽培技术 ··· 115
    七、地膜覆盖向日葵高产栽培技术规程 ··· 117
    八、旱地玉米垄膜沟植集雨种植技术规程 ··· 118
    九、向日葵垄膜沟植集雨种植技术规程 ··· 120

第六节 发展建设思路 ··· 122
    一、加强基础设施建设 ··· 122
    二、加大政府支持力度 ··· 123
    三、加强新技术应用，提高旱作农业科技含量 ··· 123

第六章 凉城县旱作农业技术 ··· 126

第一节 区域概述 ··· 126

第二节 制约因素和存在问题 ··· 127
    一、降水量少且分布不均，干旱灾害频繁发生 ··· 127
    二、水资源匮乏，水浇地面积小 ··· 127
    三、坡耕地面积大，水土流失严重 ··· 128
    四、长期掠夺式经营，造成耕地用养失调 ··· 128
    五、新技术推广投入不足，农业科技水平低 ··· 128

第三节 技术推广现状 ··· 128
    一、坐水点种 ··· 129
    二、地膜覆盖 ··· 129
    三、抗旱优良品种 ··· 129
    四、有机肥与无机肥结合，实现以肥调水 ··· 129

五、深耕耙磨保墒	……………………………………………	130
第四节　主要技术模式	…………………………………………………	130
一、核心技术——地膜覆盖技术	………………………………………	130
二、配套技术	………………………………………………………	132
三、技术效果和适用条件、适用范围	…………………………………	134
第五节　技术规程规范	…………………………………………………	134
第六节　发展建设思路	…………………………………………………	135

第一章

大兴安岭丘陵区旱作农业技术

第一节 区域概述

一、地理位置与行政区划

内蒙古大兴安岭丘陵区位于内蒙古自治区东北部,地处东经115°31′~126°04′,北纬47°05′~53°20′。东西630km,南北700km,面积25.3万km²,占内蒙古自治区总面积的21.4%。所处行政区域有7个旗、5个市、2个区,即:阿荣旗、莫力达瓦达斡尔族自治旗、鄂伦春自治旗、陈巴尔虎旗、鄂温克族自治旗、新巴尔虎左旗、新巴尔虎右旗、扎兰屯市、牙克石市、额尔古纳市、根河市、满洲里市、海拉尔区和扎赉诺尔区。本地区共有135个乡镇级机构。境内有海拉尔农牧场管理局和大兴安岭农场管理局(统称呼伦贝尔农垦集团)两个高度组织化和集约化的大型垦区。

二、旱作农业区域划分

从大兴安岭丘陵区整体地形地貌来看,农业上大体分为大兴安岭东麓低山丘陵区和大兴安岭西麓低山丘陵区两大类型。

(一)大兴安岭东麓低山丘陵区

1. 气候特点

大兴安岭东麓区基本属于中温带大陆性季风气候,无霜期(日最低气温≥2℃)较短,100~125d,降水集中在夏季,秋雨多于春雨。年蒸发量是降水量的3倍左右,日照充足,2600~2800d。大风日数较多,一般全年为25~45d。

2. 地形地貌

大兴安岭东麓区是指大兴安岭东麓向松嫩平原过渡的山前地区，形成以种植业为主的农业经济区。呈窄长条状南北延伸，东西宽40～50km，海拔高度多在200～400m，主要以嫩江及其支流甘河、诺敏河、阿伦河、雅鲁河等所形成的冲积平原，同时也包括洪积和冰积起源的平原。平原呈缓坡状起伏，其中也存在着石质丘陵和分割的丘陵状阶地以及其间的低平甸子地。

3. 耕地资源

岭东耕地从大兴安岭东麓延伸至松嫩平原北缘，所处行政区域包括扎兰屯市、阿荣旗、莫力达瓦达斡尔族自治旗和鄂伦春自治旗。总耕地面积1380198.3hm²，约占大兴安岭丘陵区总耕地面积的74%。其中，莫力达瓦达斡尔族自治旗耕地面积最大，占大兴安岭丘陵区总耕地面积的28.11%。

该地区以旱作农业为主，旱地占总耕地面积85%以上。耕地土壤以黑土、暗棕壤和草甸土为主。土地开发利用上重用轻养，水土流失较严重。根据耕地地力评价结果，大兴安岭东麓主要种植区耕地地力水平中等。其中一、二级地面积为350647.6hm²，占岭东地区总耕地面积25.4%。大田主要种植作物是大豆和玉米。

（二）大兴安岭西麓低山丘陵区

1. 气候特点

大兴安岭西麓区位于岭西高平原和大兴安岭腹地，属寒温带和中温带大陆性季风气候。受纬度高的影响，太阳辐射量少，气候寒冷热量低。无霜期短，为75～120d。降水量变率大，分布不均匀，年际变化大，年降水量一般在250～380mm。

2. 地形地貌

大兴安岭以西，地势东高西低，海拔高度650～770m，形成高平原。高原面微波起伏，一望无际。较大的湖泊和河流较多，高平原的两侧为台岗状低山丘陵，相对高差50～100m，坡度陡峭，多由花岗岩、石英粗面岩、安山岩、玄武岩等组成。由于长期风化剥蚀，山形浑圆或如平台，并有谷底、平原并列其间。草原与林地过渡地带多是黑钙土，适于发展种植业。

3. 耕地资源

西麓地区所处行政区域包括牙克石市、额尔古纳市、根河市、满洲里市、陈巴尔虎旗、鄂温克族自治旗、新巴尔虎左旗、新巴尔虎右旗、海拉尔区和扎赉诺尔区。总耕地面积501700.6hm²，其中牙克石市耕地面积157725.9hm²、额尔古纳市耕地面积189001.0hm²、陈巴尔虎旗耕地面积为81844.01hm²，这3个旗市耕地面积之和占大兴安岭西麓区总耕地面积的85%。

本地区农业以旱作为主，旱地面积占总耕地面积的98%。耕地土壤主要以黑钙土为主，土层深厚，有机质含量高。根据耕地地力评价结果，大兴安岭西麓主要种植区耕地地力水平较高。其中一级、二级地面积达 276972.2hm^2，占本地区总耕地面积55%。该区大田种植作物主要是小麦和油菜。小麦和油菜秸秆利用率较高，秸秆还田面积能达到总播种面积的 80% 以上。

三、农业及旱作农业重要地位

近些年来，大兴安岭丘陵区农作物总播种面积逐年扩大，其中粮食作物播种面积增加，2010 年呼伦贝尔市粮食总产量首次超过 50 亿 kg，2013 年粮食总产达到 71.02 亿 kg，居全区第二位，人均占有量 2665.91kg，居全区第三位。并连续四年粮食产量超百亿斤[①]，实现了历史性的"十连丰"。近年来，该地区粮食生产总量的提高主要依靠调整种植结构，改进耕作制度，不断完善适度经营规模等进一步提高产量和效益。同时认真贯彻落实国家和内蒙古自治区的各项支农惠农政策及推广旱作农业新技术，提升农业综合生产能力，促进农业增效、农民增收。产量水平基本稳定在：小麦 240kg/亩[②]、大麦 200kg/亩、油菜籽 100kg/亩、马铃薯 353kg/亩（折粮）、玉米 400kg/亩、大豆 113kg/亩。单产及总产的提高主要依靠化肥、良种、农业机械和先进栽培技术的大面积应用。农业种植结构不断优化，家庭农场适度经营规模渐趋合理，这是使生产效益和农民收入持续增加的主要因素（图 1-1）。

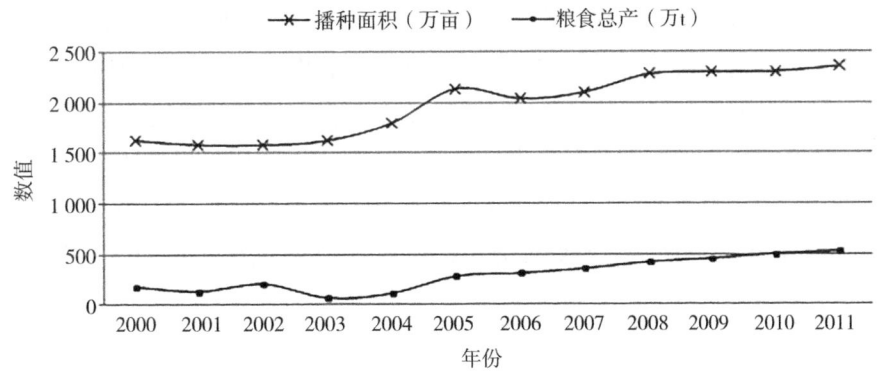

图 1-1　2000—2011 年大兴安岭丘陵区农作物播种面积与粮食产量变化曲线

（一）区位优势

1. 机械水平高

对于旱作农业而言，农业生产机械化至关重要。大兴安岭丘陵区农业机械化程度高是

---

① 1 斤为 500g，全书同。
② 1 亩约为 667m^2，全书同。

本地区农业发展的一大突出特色。尤其是大兴安岭西麓地区耕地分布集中、规模连片,多分布在低山丘陵区的缓坡漫岗和河谷地带,适宜大型机械化作业。农业生产以国有农牧企业和规模化家庭农场为主导,具有机械化、规模化、集约化的特点,目前田间作业综合机械化水平达95%,其中集中耕种部分达到99.9%(图1-2)。

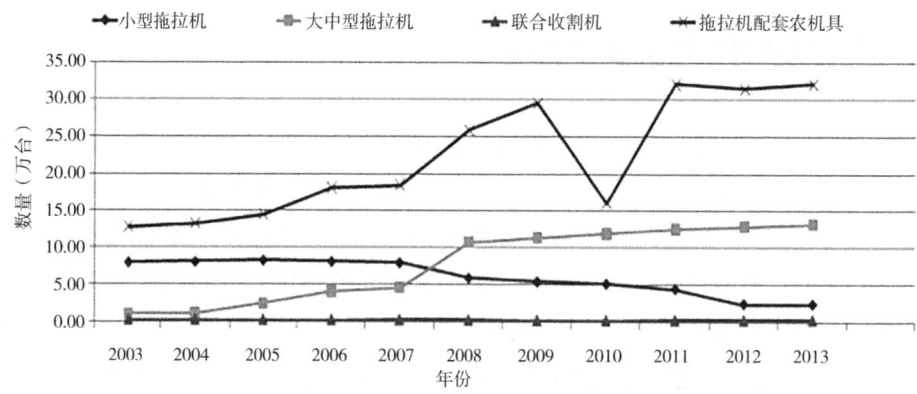

图1-2 2003—2013年大兴安岭丘陵区农业机械数量变化曲线

2003—2013年该区机械化水平取得了快速发展,机械总动力持续增加,增加幅度2倍多。2003—2013年大中型拖拉机和联合收割机增加幅度分别为1192.27%和25.06%。通过开展机械化保护性耕作技术的推广和应用工作,机播面积和机收面积百分比日益增加。

2. 规模程度高

旱作农业技术的推广及实施效果与农业生产的规模化是分不开的。大兴安岭丘陵区的规模化程度相对较高,仅呼伦贝尔农垦集团(其中包括海拉尔农场管理局16个农场和大兴安岭农场管理局8个农场)耕地面积就有600余万亩,约占总耕地面积的23%。另外,呼伦贝尔市家庭农场、种植大户和合作社等新型经营主体种植面积共计1178万亩,占总耕地面积的44%。其中规模在100～200亩的新型经营主体的耕地总面积共358.76万亩;200～500亩的种植规模总面积139.24万亩;500亩以上的面积共670.02万亩(图1-3)。

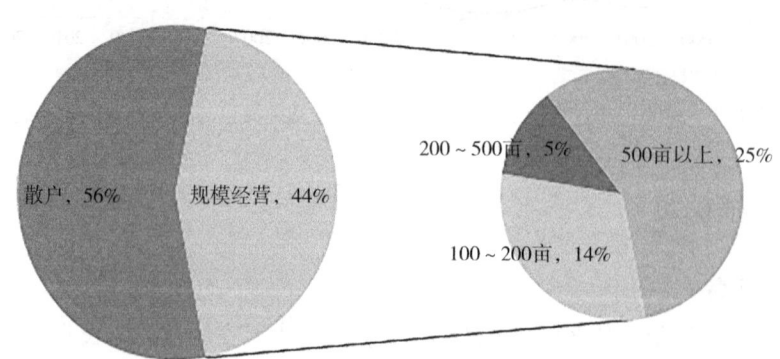

图1-3 大兴安岭丘陵区农业规模化经营现状分析图

农业的规模化和集约化对本区域旱作农业生产的影响有以下3个方面。

一是发展规模化有利于提高粮食生产的商品化程度。规模化经营贡献率大,是商品粮的主要提供者,约占地区粮食总产量的70%。

二是规模化经营有利于提高粮食生产的物资装备水平。由于生产规模大,在良种和关键旱作节水增产措施的应用上较有优势,并提高农机化水平,能够重视农田基础设施建设和地力保护,科学种田,合理改革耕地种植制度,其生产水平相对于一般农户要高。调查显示,2013年地区规模化经营每户平均单产328.13kg,是非规模经营区粮食平均单产的1.4倍。

三是发展新型经营主体,提高集约化规模化程度,获得了规模效益。

第二节 制约因素和存在问题

一、自然条件差

(一)季节性干旱

该区域常年降水量为250～650mm,而主要种植区域平均年降水量在400mm以上。农业生产受干旱因素影响较大,一是降水时空分布不均,易出现季节性干旱。一年中降水集中在夏季,秋雨多于春雨。由于大部分耕地属旱地,因此降水量是影响该区粮食产量的重要气候因子之一。即使在降水较丰的年份,也因水分的时空分布不均而造成的季节性干旱,限制了农业生产的发展。二是该地区以旱作农业为主,旱地面积占总耕地面积的85%以上,为典型的"雨养农业"。虽然境内地表水和地下水资源比较丰富,但农田水利设施较差,水资源利用率低。三是自然降水利用率低,主要表现在坡梁旱地降水形成地表径流流走。

(二)气候冷凉,无霜期短

大兴安岭丘陵区是我国纬度最高、位置最靠北的地区之一,该区各地年平均气温-5～3℃,年平均气温的地理分布是:岭西为自西向东北,岭东为自东南向西北逐渐降低。无霜期(日最低气温≥2℃)较短,岭西为75～120d,岭东为100～125d,大兴安岭山地为35～85d。≥10℃的有效积温自东向西、自南向北逐步减少,年平均积温2300℃左右。气候冷凉,无霜期短,粮食作物只能一年一作,而且只能种植生育期较短的喜冷凉作物,农作物产量偏低。

二、基础设施薄弱

（一）旱坡地改造工作严重滞后

大兴安岭丘陵区旱地面积大、农田基础设施薄弱是当前粮食生产的主要突出问题之一。该区域约 2/3 的旱地是坡度在 3°～15°的坡耕地。自然降水在坡耕地上容易形成地表径流，使本来不足的自然降水随地表径流流走，自然降水利用率下降；同时，还带走了耕作层的土和肥，又使本来贫瘠的坡梁地越种越贫瘠。同时长年累月的地表径流使坡耕地上形成自然冲沟，冲沟越冲越大，使土地失去耕作性。旱坡地改造是保土保肥保水培肥地力的根本措施，通过旱坡地的平整改造，减少地表径流，大幅度提高自然降水利用率，同时可控制自然降水在农田中形成自然冲沟，保护土地，使"三跑田"变成保土、保水、保肥的"三保田"。旱坡地处于自然耕作状态，不但不进行土地改造，而且只种不养，风蚀沙化、水土流失日趋严重，土壤肥力不断下降。

（二）水资源开发力度不够

大兴安岭丘陵区水资源总量为 316.1 亿 m^3，占内蒙古自治区总水资源量的 56.39%，其中，地表水资源量 298.19 亿 m^3，占内蒙古自治区地表水资源量的 73.37%，地下水总补给量 75.36 亿 m^3，地下水可开采量 12.43 亿 m^3。水资源丰富，但在农业生产上的开发力度还远远不够。多年来，各级政府为改善农业生产环境，确保农业稳步发展，全面实施了以旱作农业工程为主的各项发展计划，促进了旱作节水农业的发展，为提高农业综合生产能力发挥了重要作用，但农业生产基础条件落后的现状没有得到根本改变，始终没能摆脱"雨养农业""靠天吃饭"的被动局面。该区域农田灌溉总面积 330 万亩左右（其中水田 30 万亩，水浇地 300 万亩）。

（三）农业科技发展滞后，农民发展生产的能力不强

科技教育是立业之本，科技教育不但能够提高人的职业技能，还可以开发创业思维，激发创业激情。当前农民科技教育明显滞后，农民培训也是以生产技术为主，而且蜻蜓点水收效甚微，特别是对青年农民系统的专业教育缺失，导致农民生产技能缺乏，仍然延续着粗放经营的种植模式，特别是发展生产的思想和理念落后，没有创新发展意识和激情，年轻农民宁肯打工为生，也不在农村发展，广阔的土地资源闲置浪费没有开发利用，是旱作农业区产业发展重要限制因素。

三、生产技术落后

（一）农业新技术应用水平低，耕作粗放

近年来农业新技术推广力度大、速度快，但存在技术应用不均衡现象，产值高的水浇地，由于农户重视，新技术应用多；相反，产能低的旱坡地，农民不够重视，新技术应用就少。主要表现在以下两个方面：一是由于缺水和坡耕地限制了部分新技术的应用；二是由于旱耕地产出低，农户投入积极性不高，因而旱坡地新技术应用少，耕作粗放。

（二）近10年干旱灾害分析

干旱是对作物产量影响最大、影响区域最广、发生频率最高的自然灾害，是该区域农业生产和稳定的主要制约因素。近10年农业灾害数据调查显示，地区年平均干旱受灾面积为880.76万亩，成灾面积548.03万亩，绝收面积为124.57万亩。2007年和2015年是该地区近10年干旱灾害程度最大的两个年份，这两个年份干旱受灾面积平均为1500余万亩，成灾面积1300余万亩，农作物绝收240余万亩。其主要原因是当年降水量甚少，年平均降水量不到270mm。当年，该地区平均气温显著升高，旱灾面积显著扩大，危害加重，从而致使以自然条件为生产对象的粮食单产明显减少。

大兴安岭丘陵区每年粮食总产量由于旱灾而减产的估算值平均为6亿斤，农经损失约5.5亿元。

第三节　技术推广现状

大兴安岭丘陵区常年降水量为250～550mm，而主要种植区域平均年降水量在400mm以上，根据作物对灌溉的需求，在我国灌溉地域区划中该区主要农业生产区列入补充灌水区。正常年份，作物不需要常年灌溉，在遇到降水不均或出现季节性干旱时进行补充灌溉，无灌溉措施的地块采取旱作节水保墒技术措施，从而确保该区粮食增产、稳产。主要采取秸秆还田、地膜覆盖、深耕深松、免耕播种、坐水种植、选择耐旱品种等技术措施。

推广旱作节水技术也是本地区农业生产重点工作之一。通过近几年推广工作，使该地区旱作节水技术覆盖面积逐步扩大，有效提高了该区农业资源利用效率，促进了农业高产、高效。多年来，该地区的农业工作人员分工包片指导，全程跟踪指导田间工程建设及作物生长各个环节，示范应用秸秆还田、深耕深松、抗旱坐水种植、大垄密植、镇压保

墒、测土配方施肥、增施有机肥、节水灌溉、水肥一体化等技术，培肥地力，提高土壤蓄水保墒和农田综合生产能力。为使旱作农业实用技术得到快速推广，并根据本区域"种植大户多、技术易推广"的实际，注重典型的示范作用，达到以点带面效果。在春耕和作物生长关键期组织种植户现场观摩示范基地，通过现场说教和田间实际效果，鼓励引导种植户自觉采用现代农业科技成果。

经2015年统计，该地区粮食总播种面积为2743.39万亩，应用旱作农业技术的单项合计面积为2577.8万亩。进行全膜覆盖3.50万亩，半膜覆盖面积61.40万亩，坐水种植32.04万亩，深耕深松449.54万亩，免耕播种296.09万亩，种植耐旱品种1094.44万亩，秸秆覆盖还田490.79万亩，压青苗150.00万亩。

以主要作物来分析：大豆进行深耕深松64.5万亩，耐旱品种53.60万亩。

玉米采取全膜覆盖3.50万亩，半膜覆盖57.40万亩，坐水种植30.50万亩，深耕深松157.50万亩，耐旱品种578.40万亩，秸秆覆盖120.00万亩。

小麦作物深耕深松62.95万亩，选择耐旱品种207.33万亩，免耕播种127.66万亩，秸秆覆盖199.58万亩，压青苗130.00万亩。

大麦深耕深松12.53万亩，耐旱品种48.26万亩，免耕播种40.26万亩，秸秆覆盖67.24万亩，压青苗20.00万亩。

油菜进行深耕深松86.86万亩，选择耐旱品种163.76万亩，免耕播种128.17万亩，秸秆覆盖103.97万亩。

马铃薯采取深耕深松51.90万亩，选择耐旱品种18.20万亩。

向日葵进行深耕深松5.30万亩，耐旱品种13.00万亩。

其他作物半膜覆盖4.00万亩，其他措施20.50万亩。

第四节　主要技术模式

一、大兴安岭东麓旱作农业技术

（一）玉米秸秆还田技术

机械化秸秆粉碎直接还田，使之腐烂分解，将农作物秸秆中含有的氮、磷、钾、镁、钙、硫等多种养分和有机质及时翻压入土，可以改善土壤的结构和理化性状，增加有机质含量，促进作物持续增产。玉米秸秆还田技术每年一般在120万亩左右。

1. 技术工艺

（1）收获和处理。玉米成熟后，采用联合收获机械边收获玉米穗边切碎秸秆10cm左右；或人工摘穗、人畜力运穗出地后，再用秸秆粉碎机粉碎秸秆，使其均匀覆盖地表。

（2）施用秸秆腐熟剂，按每亩2kg秸秆腐熟剂用量将腐熟剂与适量潮湿的细沙土混匀后均匀地撒在作物秸秆上，或兑水用喷雾器均匀喷洒在作物秸秆上，再用机械或畜力将秸秆翻埋入耕层内，秸秆深翻入土时每亩增施5kg尿素调节碳氮比。利用雨水或灌溉水使土壤保持较高的湿度，达到快速腐烂的效果。

2. 技术要点

玉米秸秆还田作业时不可将切碎还田机升得过高或降得过低，留茬高度应控制在5～10cm。要在作物成熟后及时实施作业，最好在含水量30%以上，有利于粉碎和腐烂；秸秆粉碎后要及时翻压；注意留茬高度，不可过高，也不能太低，避免刀片打击地面碎长度一般不超过10cm；机车作业速度要平稳。配套机具一种是使用玉米联合收获机械配挂秸秆粉碎还田机，另一种是使用大型拖拉机配挂秸秆还田机。

3. 技术效果

实施秸秆还田技术可增加粮食产量6%～15%，并且由于逐步增加了土壤肥力，实现大面积以地养地，促进粮食产量的持续增加。实施秸秆还田技术，无论从宏观上还是从微观上看，都具有较好的经济效益。

秸秆还田技术不但增加了土壤产出能力，还使有机户在农机作业中获得一定的收入，秸秆机械粉碎还田的作业成本仅为人工还田作业成本的1/4，而工效提高了40～120倍，减轻了劳动强度。

（二）地膜覆盖技术

大兴安岭丘陵区地膜覆盖技术主要用于玉米作物。该技术有助于改善玉米的水肥温度等生态因素，为玉米生长发育、提早成熟创造良好的生育环境，使高产品种潜力得到充分发挥。近几年，该区的覆膜种植面积不断加大，特别在春播时期遇低墒低温情况，玉米种植基本采取地膜覆盖栽培，常年平均100万亩左右。这项技术既能提高地温，又能保护土壤墒情，增产效果显著。

1. 技术工艺

（1）地膜选择。当前生产上使用的地膜主要是聚乙烯地膜；根据该地区生态条件、作物特性与覆盖栽培目的，应选用厚度0.016mm的高压膜或厚度0.008～0.010mm的线性地膜。

（2）整地起垄。结合整地彻底清除田间根茬、秸秆、废旧地膜及各种杂物，施足有机肥后耕翻碎土，使土壤疏松肥沃，土壤内无大坷垃，土面平整。为蓄热提高地温，地膜覆盖一般要求起垄，高度一般10～15cm为好。

（3）地膜覆盖。在生产中小垄单行（行距65～70cm），覆盖膜宽30～40cm，大垄双行（行距100～105cm），膜宽70～80cm。采用气吸式覆膜机进行半膜覆盖播种。

①先播种后覆膜。出苗后破膜放苗，优点是不仅适用于机器播种，还可以保证播种覆膜质量，出苗整齐。但不利于播前保墒，破苗封口费工，放苗不及时烫苗。在地势平坦、墒情较好、便于灌溉地块可以采用。

②先覆膜后播种。播种时在膜上打孔，播后用湿土封好膜孔，这种方法有利于播前保墒，一般不用放苗。但播种时费工，适于无灌溉条件地块。

2. 注意事项

覆膜务必在无风天气进行，覆膜时将膜拉紧展平，紧贴耕层地面，膜两边各压5～10cm土，膜上每6～7m要压一土带，防止大风鼓膜。

3. 技术效果

玉米地膜覆盖栽培技术在该区农业生产中，发挥着巨大的增产增效作用。覆膜玉米较常规种植玉米亩增产200～300kg，亩增经济效益200～300元。具有明显的经济效益和社会效益。

（三）抗旱坐水种植

又称抗旱点种。即在埯中（播种的土坑）先注水后播种，使作物种子恰好坐落在灌溉水湿润过的土之上，然后覆土，这种栽培模式称为坐水种植。该地区有坐水点种和机械坐水种植两种形式，一般应用于大兴安岭东麓地区的穴播作物。如春播出现旱情，该技术广泛应用，该区域常年平均应用面积在30万～50万亩。

1. 技术工艺

（1）坐水点种。一般应用于穴播作物。在田块上按作物不同密度挖种子坑，同时在坑中施底肥。在每个坑穴中浇水2kg左右，浇灌水全部渗入土壤后，在穴底点种，随即覆盖2～3cm的湿土，并轻压。

（2）机械坐水种植。应用滤水播种覆膜机进行大豆坐水条播抗旱播种，确保一次播种保全苗。采用坐水条播抗旱播种亩用水量2～5m³（也可结合墒情预报，确定土壤含水量），可以提高出苗率20%～30%。

（3）应用抗旱剂、保水剂。旱地每10kg种子加入土壤保水剂0.4～0.6kg拌种。土壤施入按亩保水剂0.5～2kg/亩用量，将所需保水剂和农肥按比例混匀，均匀撒在地里。也可采取穴施或沟施的方法，结合春播前整地，将保水剂翻入土中（抗旱剂、保水剂主要品种有：旱地保墒剂、活绿宝抗旱剂、抗旱保水粉等品种）。

2. 技术要点

机车牵引水罐车等附属机具，开沟、施水、精量点播、投肥、覆土、镇压一次完成，形成一条龙坐水种植技术。技术要点有以下几点：

（1）采用坐水种植的方式对农作物进行灌溉时，要掌握好灌水量，要确保种子附近的土壤灌透灌匀。有人为方便使用推广过程中掌握，以土壤表层干土层的厚度对用水量进行了换算，当干土层厚3~4cm时，灌水1kg左右；土层厚6~7cm时，约1.5kg；超过8cm时，灌水2~2.5kg。

（2）采用坐水种植方式种植农作物时应先灌水，然后在湿土上放入种子和化肥。

（3）对浇完水，撒入化肥和种子的土坑应及时用土埋好，防止水分蒸发影响效果。

3. 技术效果

坐水种植技术在大兴安岭东麓地区应用较为广泛，一方面相比传统灌溉节水65%以上，另一方面能提高出苗率而增产10%~30%。

（四）机械深耕深松技术

该技术是用深松铲或凿形犁等松土农具疏松土壤而不翻转土层的一种深耕方法。利用机械深耕深松，可以使耕层疏松绵软、结构良好、活土层厚、平整肥沃，使固相、液相、气相比例相互协调，适应作物生长发育的要求。

1. 主要技术措施

采用在铧式犁的犁体后面加装深松铲的办法来实现上翻下松不乱土层。深松铲有单翼式、双翼式两种。单翼铲为加强型凿形犁铧，松土时产生的侧向力由主犁体的犁侧板平衡。旱田系列悬挂式深耕深松三铧犁1LDS-300S即采用了幅宽为22.5cm的单翼深松铲。双翼深松铲的形状与中耕锄铲相似，但结构更为坚固。

一般在秋收后进行全方位深松，采取以深松为主、翻耕为辅的耕作制度。采用国产徐工凯特迪尔1804拖拉机+1SL-300深松整地机等联合整地机或深松浅翻犁进行深松整地，提高土壤的蓄水能力，并通过翻耕将秸秆埋入地下20cm处。根据土壤情况，一般每隔3年用全方位深松机进行深松，深度一般在35cm左右，且尽可能不破坏地表覆盖。

深松铲与主犁体的纵向距离不应小于500mm。使用1GTN-200型深松起垄旋耕机、滚垄耙等机械，实现深松、碎土、起垄等复合作业。主要功能是破碎深松后的土块。此外，在垄作地区的苗期垄沟、垄帮深松技术、垄翻深松技术和深松播种技术，也都有深松、保墒、增温和一次完成多项作业的作用。

2. 技术规范

（1）适耕条件。一般情况下，土壤含水量在15%~22%时适宜进行深耕机。

（2）减少开闭垄，闭垄高度应小于10cm，开垄宽度小于35cm、深度小于10cm。

（3）实际耕幅与犁耕幅一致，避免重、漏耕。

（4）立垡。回垡率小于3%。

（5）深松的深度应视耕作层的厚度而定。一般中耕深松深度为20~30cm，深松整地为30~40cm，垄作深度为25~30cm。

3. 注意事项

（1）耕翻作业宜在前茬作物收获后立即进行，因为这时不仅耕地可及时将地面的残茬和杂草翻入土中，使它腐烂，减少以后的病虫害和杂草繁殖，同时也有较多的机会充分接纳降水和促进土层熟化。特别是对休闲地，争取早翻耕更为重要。

（2）深耕深松是重负荷作业，一般都用大中型拖拉机配套相关的农机具进行。耕作的适宜深度一定要因地制宜，既要根据当地的土质、耕层、耕翻期间的天气和种植作物等条件选择。还要考虑劳力、农机具和肥料的情况。如翻耕后持续干旱，又无水源补偿，则耕深宜适当浅些，盐碱地忌一次犁得过深，以免加重耕层土壤的盐化。

（3）深耕深松要在土壤的适耕期内进行。深耕的周期一般是每隔2～3年深耕一次。

（4）深耕深松的同时，应配施有机肥。由于土层加厚，土壤养分缺乏，配施有机肥后，可促进土壤微生物活动，加速土壤的肥力的恢复。

4. 技术效果

通过深耕深松能够有效提高作物产量，并能达到土壤可持续利用效果。玉米增产12%、小麦增产10%、马铃薯增产6%、大豆增产16%。

（五）大垄宽台技术

大豆大垄宽台具有"一抗、二防、三增"等优点，即抗干旱，防失土，防内涝，增加了地温、积温和增加土壤有机质量。大兴安岭东麓大豆主产区应用广泛，应用面积平均100万亩左右。

1. 技术工艺

用大型拖拉机配置专用起垄机起垄，垄距110cm，起垄后形成一个底边宽为110cm、上边宽65cm、高度为20～25cm的梯形大垄。

（1）垄上四行。应用专用的大垄高台播种机进行播种，垄顶宽65cm，中间两苗带距离20cm，其余苗带距离15cm，边苗带距离垄顶边缘7.5cm，亩保苗2.8万～3.0万株。

（2）垄上五行。垄距130cm（小型拖拉机也可播种），起垄后形成一个底边宽为130cm、上边宽85cm、高度为20～25cm的梯形大垄。垄上5行种植，每垄苗带总宽68cm，其中垄上中间苗带宽为20cm，其余苗带宽14cm，边苗带距垄边缘8.5cm。亩保苗2.8万～3万株，使用圆盘式开沟器的垄上三行播种机播种。

（3）垄上六行。垄距130cm（小型拖拉机也可播种），起垄后形成一个底边宽为130cm、上边宽85cm、高度为20～25cm的梯形大垄。垄上六行种植，每垄苗带总宽68cm，其中垄上中间两苗带宽为20cm，其余苗带宽12cm，边苗带距垄边缘8.5cm。亩保苗2.8万～3万株，使用圆盘式开沟器的垄上三行播种机播种。

2. 技术规范

（1）适宜地区。高寒、干旱、半干旱的旱作地区推广应用。

（2）播前做好相关准备工作，如秋季利用联合整地机进行深松作业，深度35～40cm。

（3）大垄宽台垄高一致，垄顶平整。

（4）耕层土壤上松下实，可提高水分利用率15%～17%。

（5）采用秸秆还田技术培肥了地力，增加土壤有机质含量，实现用养结合。

3. 技术效果

高寒干旱地区大豆高产栽培配套技术实现了农机和农艺的紧密结合，经过多年的试验推广，在正常年份下，平均亩产达到200kg以上。

二、大兴安岭西麓旱作农业技术

（一）免耕播种技术

免耕播种土壤扰动小，保持免耕地的地表留有大量根茬和秸秆，减少了土壤水分蒸发，在干旱气候条件下，起到良好的抗旱作用。免耕的主要作物是小麦、大麦和油菜，在大兴安岭西麓地区的牙克石市、额尔古纳市、海拉尔区等地区得到普遍推广应用。

1. 技术工艺

（1）免耕播种。免耕机械选用进口大平原2010、大平原1510和中国农业机械化科学研究院产MAE6119、2BMG-18免耕播种机效果较好。用免耕播种机一次性完成破茬开沟、施肥、播种、覆土和镇压作业。

（2）配套机械。采用迪尔6603拖拉机＋大平原1510免耕播种机，国产徐工凯特迪尔1804拖拉机＋大平原2010免耕播种机（在深松地上播种），凯斯190-195拖拉机＋大平原2010免耕播种机（在深松地上作业），纽荷兰110-90或纽荷兰TM140+国产免耕播种，凯斯375拖拉机＋空气播种机等几种机械组合进行免耕播种作业。

（3）种子处理。选择优良品种并进行精选处理，播前应适时对所用种子进行药剂拌种或包衣处理。

2. 技术要求

落籽均匀、播深一致、覆土严密、镇压保墒。

3. 技术效果

免耕播种耕作与常规耕作土壤水分提高3%～6%；产量方面麦类和油菜平均增产率分别为10.20%和9.23%。

（二）小麦、油菜秸秆留茬还田技术

在岭西地区小麦和油菜秸秆还田技术普遍应用，一般年份小麦200万亩左右，油菜

110万亩左右。

1. 技术工艺

（1）小麦秸秆还田技术。小麦作物成熟后，根据作物成熟情况，结合气候条件，采用大联合收割机自带抛撒装置和牵引式秸秆粉碎抛撒还田机进行拾禾和秸秆抛撒还田作业，要求秸秆长度小于10cm，秸秆粉碎后均匀地铺撒于地表，覆盖度达到100%。

（2）油菜秸秆还田技术。收获油菜后，采用带秸秆粉碎器的联合收割机，将作物秸秆直接进行粉碎并均匀抛撒还田；要求呈扇状抛撒，抛撒均匀率大于90%，覆盖率达到100%。秸秆粉碎长度一般5～10cm，便于翻压后不裸露。

2. 注意事项

（1）有严重病虫害的油菜秸秆不要直接还田，以免导致下茬作物病虫为害。

（2）小麦秸秆还田量以每亩200kg秸秆为宜；油菜秸秆还田量以每亩250kg秸秆为宜。

3. 技术效果

通过秸秆还田技术，用作物秸秆盖土、根茬固土保护土壤，减少风蚀、水蚀和水分无效蒸发，提高天然降雨利用率，同时培肥地力；秸秆还田土壤容重可降低0.06%～0.2%，孔隙度增加3%～7%，通气性提高，犁耕比阻减小，土壤结构明显改善。农作物秸秆还田技术作为增肥改土工程和环保农业的重要技术，优化了农田生态环境，为夺取作物高产、稳产、优质打下基础。

（三）深松整地

岭西地区推广深松整地与免耕播种轮回运用，一般在秋收后进行全方位深松，采取以深松为主、耕翻为辅的耕作制度。

1. 技术工艺

采用国产徐工凯特迪尔1804拖拉机+1SL-300深松整地机等联合整地机或深松浅翻犁进行深松整地，提高土壤的蓄水能力，并通过翻耕将秸秆埋入地下20cm处。根据土壤情况，一般每隔3年用全方位深松机进行深松，深度一般在35～40cm，尽可能不破坏地表覆盖。

2. 注意事项

对于全方位深松后的农田进行镇压处理使地表平整，避免播种机拥堵，提高播种质量。

3. 技术效果

深松耕措施对大兴安岭西麓地区保护性耕作实施的三年免耕土壤有着举足轻重的作用。一是深松作业可以消除由于机械进行实地作业造成的土壤压实；二是提高土壤的蓄水能力；三是改善土壤结构；四是可以破坏越冬害虫的生存环境，使得害虫翌年不能正常地孵化，深松整地时还可以收拾掉一些当年的病害植株，减少病原菌，翌年减少病虫害的发生。

（四）麦-油休闲轮作

大兴安岭西麓地区种植作物相对单一，主要以小麦、大麦和油菜为主。基本采取麦-油轮作制度。采取休闲夏翻与麦-油轮作相结合的措施也比较普遍，也有较好的效果。

1. 技术工艺

种植制度为麦-油休闲轮作，主要采取第一年深松整地休闲，第二年播种小麦、收获留茬、秸秆抛撒覆盖，第三年创茬播种油菜，第四年地表处理（耙茬）、播种大麦的四年一个循环的耕作工艺。

2. 技术效果

麦-油休闲轮作是大兴安岭西麓地区保护性耕作的重要耕作制度，能够降低田间病、虫、草害，又有非常好的培肥地力和土壤调节能力，使作物均衡利用土壤养分。同时有较好的增产效果，一般小麦、大麦、油菜增产10%～20%。

第五节 技术规程规范

根据区域实际，将大兴安岭东西两麓区域代表性强、推广面积广、具有区域旱作农业典型特征的技术措施，进行整合、集成、总结提炼，编制成三项区域性旱作农业技术规程，为大兴安岭丘陵区旱作农业新技术的探索与技术指导提供参考依据。

技术规程1

大兴安岭东麓丘陵区玉米全膜双垄沟播技术规程

1 范围

1.1 本规程适用于大兴安岭东麓丘陵区旱作玉米地膜覆盖生产。有条件的地方结合膜下滴灌技术，宜选择地势平坦、土质肥沃的地块种植。

1.2 本规程内容包括旱作玉米种植的土壤要求、种子处理、覆膜方法、田间管理和收获等。大兴安岭东麓丘陵区玉米种植户可参考或采纳。

2 总则

2.1 提高耕地保墒增墒效应。通过玉米全膜覆盖，增加膜下墒情，改善农田的水分供给状况。有效解决大兴安岭东麓旱作区严重春旱而影响播种问题。

2.2 创造膜下增温效应。采取全膜覆盖措施，有效弥补露地栽培积温不足的矛盾，满足玉米前期和中期生长发育所急需的活动积温，促进玉米的生长发育，使生育期提前15d左右。

2.3 有效抑制田间杂草，减轻土壤的盐碱为害，并能达到很好的经济效益。

3 术语与定义

下列术语和定义在本规程所应用。

3.1 地膜 Membrane

即地面覆盖薄膜，通常是透明或黑色PE薄膜，也有绿、银色薄膜，用于地面覆盖，以提高土壤温度，保持土壤水分，维持土壤结构，防止害虫侵袭作物和某些微生物引起的病害等，促进植物生长的功能。

3.2 全膜覆盖 Membrane covering the whole

在田间起大小垄，用地膜覆盖全田，在垄沟播种作物的种植技术。

3.3 种子包衣 Seed pelleting

指利用黏着剂或成膜剂，用特定的种子包衣机，将杀菌剂、杀虫剂、微肥、植物生长调节剂、着色剂或填充剂等非种子材料，包裹在种子外面，以达到种子成球形或者基本保持原有形状，提高抗逆性、抗病性、加快发芽、促进成苗，增加产量，提高质量的一项种子技术。

3.4 基肥 Base fertilizer

基肥也叫底肥，一般是在播种或移植前，或者多年生果树每个生长季第一次施用的肥料。它主要是供给植物整个生长期中所需要的养分，为作物生长发育创造良好的土壤条件，也有改良土壤、培肥地力的作用。

3.5 追肥 Top dressing

追肥是指在作物生长中加施的肥料。追肥的作用主要是为了供应作物某个时期对养分的大量需要，或者补充基肥的不足。

3.6 深松耕 Subsoiling

用深松铲或凿形犁等松土农具疏松土壤而不翻转土层的一种深耕方法。

3.7 田间管理 Field management

田间管理指大田生产中，作物从播种到收获的整个栽培过程所进行的各种管理措施的总称。

4 目标产量

本标准目标产量为500kg/亩。

5 选地整地

5.1 选地

选择土质肥沃，前茬为麦、豆、杂粮等。

5.2 深松耕

采用在铧式犁的犁体后面加装深松铲的办法来实现上翻下松不乱土层。采取以深松为主、翻耕为辅的耕作制度。并通过翻耕将秸秆埋入地下20cm处。根据土壤情况，一般每隔3年用全方位深松机进行深松。土壤含水量在15%～22%时适宜进行深松耕。

6 起垄覆膜

大兴安岭东麓缓坡地要沿等高线开沟起垄。大小垄双行种植，一般大垄宽60～70cm、高10cm，小垄宽40cm、高15cm，幅宽100～110cm，每幅垄对应一大一小、一高一低两个垄面。要求垄和垄沟宽窄均匀，垄脊高低一致，并将种肥撒入沟内，起垄覆膜连续完成，防止土壤风干造成水分散失。

选择地膜厚0.01mm以上、幅宽120cm。可采用专用覆膜机一次完成覆膜施肥两项作业。

7 播种

7.1 品种选择

玉米全覆膜栽培一般较常规半覆膜栽培早成熟10～15d，可以有针对性地选择株型紧凑、抗逆抗病性强、适应性广、品质优良、增产潜力大的适宜品种，进行种子包衣。

7.2 播种时间

当地表5cm地温稳定通过10℃时为玉米适宜播种期。

7.3 种植密度

播种时按照土壤肥力状况和降雨条件确定种植密度，肥力较好的地块可适当加大种植密度。应留苗4000～4500株/亩。

7.4 播种方式

用玉米点播器按适宜的株距将种子破膜穴播在垄沟，每穴下籽2～3粒，播深3～5cm，点播后随即按压播种孔使种子与土壤紧密结合，防止吊苗、粉籽等现象发生，并用细沙土、草木灰等疏松物封严播种孔，防止播种孔大量散墒和遇雨板结影响出苗。播种后人工覆膜：首先在40cm的窄行内挑施肥沟，施入种肥后在施肥沟两侧挑播种沟，播种后随即覆膜。

8 施肥

8.1 施肥原则

有机肥与无机肥配合，氮、磷、钾及微肥配合，平衡施肥，才能达到提高土壤肥力，增加产量的目的。

8.2 施肥方法

8.2.1 基肥

亩施优质腐熟的农家肥1500～2000kg，起垄前均匀撒在地表。岭东地区总养分含量45%的玉米区域大配方 $N-P_2O_5-K_2O$（11-19-15）为1∶1.73∶1.36，配方肥推荐用量19～25kg/亩。

8.2.2 追肥

玉米生育期追施尿素11～15kg/亩，分3次施用。第一次在7～8片叶展开后，玉米拔节期施入，也称攻秆肥。第二次是玉米11～12片叶展开，在玉米的大喇叭口期，也称攻穗肥。第三次是在玉米抽雄吐丝后追施的肥料，也称粒肥。此外，在开花期喷施磷酸二氢钾和微肥，均有促进籽粒形成，提早成熟，增加产量的作用。

9 田间管理

9.1 覆膜管理

覆膜后加强防护管理，严禁牲畜入地践踏、防止大风揭膜，一旦发现地膜破损及时用细土盖严。覆膜一周后待地膜与地面贴紧，在垄沟内每隔50cm打一直径3mm的渗水孔以便降水入渗。

9.2 苗期管理

要进行破土引苗、查苗补苗、间苗定苗、打杈去分蘖，做到苗早、苗足、苗齐、苗壮。

9.3 适时揭膜

7月份地膜覆盖的增温保墒作用已经结束，此时地膜还没有老化，韧性好，揭膜操作比较容易，残留少，有利于净化农田。

9.4 病虫害防治

该地区玉米病虫害主要有玉米螟、玉米大斑病、玉米小斑病、黑穗病等，在玉米抽雄期前进行飞机航化追肥促早熟，防治病虫害，亩喷施50%多菌灵0.1kg+2.5%高效氯氰菊酯27mL+磷酸二氢钾0.17kg。

10 收获

玉米进入蜡熟末期当玉米植株变黄，果穗苞叶松散，籽粒内含物硬化，用指甲不易压破，籽粒表面有鲜明的光泽，含水量降到20%左右即可收获。

11 机械秸秆还田

11.1 秸秆还田覆盖

玉米成熟后，采用联合收获机械边收获玉米穗边切碎秸秆8～10cm，使其均匀覆盖地表。留茬高度控制在5～10cm。使用玉米联合收获机械配挂秸秆粉碎还田机或大型拖拉机配挂秸秆还田机。
11.2 腐熟翻压
按每亩 2kg 秸秆腐熟剂用量将腐熟剂与适量潮湿的细沙土混匀后，均匀地撒在作物秸秆上，或兑水用喷雾器均匀喷洒在作物秸秆上，再用机械或畜力将秸秆翻埋入耕层内，秸秆深翻入土时每亩增施 5kg 尿素调节碳氮比。

技术规程 2

大兴安岭东麓丘陵区大豆大垄宽台种植技术规程

1 范围
1.1 本规程适用于大兴安岭东麓丘陵区以及高寒、干旱、半干旱的旱作大豆的生产种植。
1.2 本规程内容包括旱作大豆种植的土壤要求、种子处理、耕作方法、田间管理和收获等。大兴安岭东麓丘陵区大豆种植户可参考或采纳。

2 总则
2.1 基于该地区春旱和低温等特点，采取深松、垄作，不仅可以提高地温，还可以增加土壤库容、达到保持水分的目的。
2.2 通过缩小行距、扩大株距的方式，增加群体密度，提高光能利用率，有效解决缺苗断条的问题。
2.3 采取分层施肥、精量点播，提高肥料的利用率，保证出苗率，提高农民收入。

3 术语与定义
3.1 大垄宽台 Big ridge width platform
大垄宽台是指小垄变大垄，平作变垄作，能够增加土壤库容，旱涝综防的栽培模式。
3.2 起垄 Ridging
在高于地面的土上栽种作物的耕作方式。
3.3 测土配施 Soil testing and fertilizer recommendation
以土壤测试和肥料田间试验为基础，根据作物需肥规律、土壤供肥性能和肥料效应，在合理施用有机肥料的基础上，提出氮、磷、钾及中、微量元素等肥料的施用数量、施肥时期和施用方法。
3.4 植物生长调节剂 Plant growth mediation agent
植物生长调节剂是用于调节植物生长发育的一类农药，包括人工合成的具有天然植物激素相似作用的化合物和从生物中提取的天然植物激素。

3.5 化除 Chemical weed control

化除是利用除草剂代替人力或机械在耕地上消灭杂草的技术。

3.6 多行密植 Multi row planting

多行密植是指增加作物耕作行数，合理密植的栽培措施。

4 目标产量

本标准目标产量为 160kg/亩。

5 整地

秋季利用联合整地机进行深松作业，深度 35～40cm。

6 播种

6.1 种子选择

选用优良的高油、高蛋白品种，种子纯度和净度分别达到 98% 以上，发芽率达到 90% 以上。

6.2 播种时间

4 月下旬至 5 月中旬，当 5cm 土层的日平均温度达到 10～12℃时进行播种。

6.3 播种方式

6.3.1 垄上四行

应用专用的大垄高台播种机进行播种，垄顶宽 65cm，中间两苗带距离 20cm，其余苗带距离 15cm，边苗带距离垄顶边缘 7.5cm，亩保苗 2.8 万～3.0 万株。

6.3.2 垄上五行

垄距 130cm（小型拖拉机也可播种），起垄后形成一个底边宽为 130cm、上边宽 85cm、高度为 20～25cm 的梯形大垄。垄上 5 行种植，每垄苗带总宽 68cm，其中垄上中间苗带宽为 20cm，其余苗带宽 14cm，边苗带距垄边缘 8.5cm。亩保苗 2.8 万～3 万株，使用圆盘式开沟器的垄上三行播种机播种。

6.3.3 垄上六行

垄距 130cm（小型拖拉机也可播种），起垄后形成一个底边宽为 130cm、上边宽 85cm、高度为 20～25cm 的梯形大垄。垄上六行种植，每垄苗带总宽 68cm，其中垄上中间两苗带宽为 20cm，其余苗带宽 12cm，边苗带距垄边缘 8.5cm。亩保苗 2.8 万～3 万株，使用圆盘式开沟器的垄上三行播种机播种。

7 施肥

7.1 基肥

基肥要在秋翻或春耕时施入，一般每亩施用优质有机肥 2000～2500kg。基肥中加入氮、磷、钾等化肥，可以减少化肥中有效养分的流失与固定。

岭东地区总养分含量45%的大豆区域大配方N–P$_2$O$_5$–K$_2$O（15-19-11）为1:1.27:0.73，配方肥用量为17～25kg/亩。种肥要进行深施。在土壤有效锌含量低于0.74mg/kg时，必须配施锌肥，基施用量为1～2kg/亩；低于有效施用临界值2.23mg/kg时，可根据具体情况合理施用锌肥。

8 田间管理

8.1 植物生长调节剂

大豆2～3片复叶期（幼苗期），亩用尿素0.3kg+农宝叶白金20mL，兑水13kg。

大豆5～6片复叶期（开花期），亩用尿素0.4kg+20mL云大120+农宝叶白金20mL，兑水13kg。

8.2 高效化学除草方法

苗前：每亩用48%广灭灵（或48%田得济）40～50mL+999g/L（有效含量90.5%）乙草胺100～125mL+25%噻吩磺隆5g（75%噻吩磺隆1～1.5g）+30g全安，兑水13kg。

苗后：每亩用20.8%虎拿草125～150mL，兑水13kg。当苗后草荒较严重时可采取以下配方，每亩用250g/L的氟磺胺草醚水剂100mL+30%烯草酮17g+48%灭草松200mL+全安30g，兑水13kg。当苗后刺儿菜、苣荬菜特别严重且草龄较大、无其他杂草的地块可选用每亩48%灭草松300～350mL+全安30g进行叶面喷施，此配方其除草效果好、无药害。

8.3 科学防病虫

播前每亩地种子用33g千斤顶+抗旱营养种衣剂60～90g（包含硼、铁、钼、铜、锌等微量元素），防治大豆潜根蝇及根部病害。

生育期内若有病虫害发生时，视具体情况科学防治。

9 收获

人工收获，落叶达90%时进行；机械联合收割，叶片全部落净、豆粒归圆时进行。割茬低，不留荚，收割损失率小于1%，脱粒损失率小于2%，破碎率小于5%，泥花脸率小于5%，清洁率大于95%。

技术规程3

大兴安岭西麓旱作区保护性耕作技术规程

1 范围

1.1 本标准适用于呼伦贝尔市大兴安岭西麓地区。地块分布集中、规模连片，在低山丘陵区的缓坡漫岗和河谷地带，适宜大型机械化作业。

1.2 本标准内容包括麦、油轮作种植的土壤要求、种子处理、耕作方法、田间管理和收获等。大兴安岭西麓丘陵区种植户可参考或采纳。

2 总则

2.1 改革耕作制度。以多耕细耙、精耕细作为主要特征的耕作方式能耗大、效率低、成本高，地表裸露，水分损失大，土壤有机质消耗快，农田风蚀水蚀严重，影响作物产量和农民收入。研究和推行保护性耕作技术，是对传统耕作制度的重大改革。

2.2 防治农田扬尘、缓解沙尘暴危害。采用免耕残茬覆盖技术，覆盖度达到30%时，可减轻土壤侵蚀50%，防风蚀能力提高20%以上。因地制宜地实行少耕、免耕、覆盖等保护性耕作措施，将能够有效防治农田扬尘、缓解沙尘暴危害。

2.3 节本增效、增加农民收入。农业高成本是制约呼伦贝尔市农产品竞争力和农民增收的重要因素。保护性耕作技术通过减少作业工序的方法，降低生产成本，效率高，用工少，耗能低，并且具有显著的增产效果，从而显著增加农民收入。

3 术语与定义

3.1 保护性耕作 Conservation tillage

保护性耕作是指通过少耕、免耕、休闲轮作及地表覆盖、合理种植等综合配套措施，从而减少农田土壤侵蚀，保护农田生态环境，并获得生态效益、经济效益及社会效益协调发展的可持续农业技术。

3.2 免耕播种 No-tillage sowing

免耕播种是指播种前不单独进行土壤耕作，作物生长期间不进行土壤管理，而在茬地上直接播种的一种耕作方法。

3.3 轮作 Rotation

轮作是指在同一块田地上，有顺序地在年间轮换种植不同的作物或复种组合的一种种植方式。

3.4 秸秆还田 Straw returning to field

秸秆还田是指收获后对作物秸秆进行粉碎、覆盖地表的一种培肥地力的农艺措施。

3.5 生物有机肥 Biological organic fertilizer

生物有机肥是指特定功能微生物与主要以动植物残体（如畜禽粪便、农作物秸秆等）为来源并经无害化处理、腐熟的有机物料复合而成的一类兼具微生物肥料和有机肥效应的肥料。

3.6 田间管理 Field management

指大田生产中，作物从播种到收获的整个栽培过程所进行的各种管理措施的总称。

3.7 深松耕 Subsoiling

用深松铲或凿形犁等松土农具疏松土壤而不翻转土层的一种深耕方法。

4 目标产量

本标准目标产量为小麦 300kg/亩、大麦 280kg/亩、油菜 150kg/亩。

5 技术路线

大型机械化保护性耕作技术采取机械化深松、喷药、秸秆覆盖、免耕播种、地表处理等技术综合配套使用的技术模式。实行以免耕和秸秆还田为重点，同时将免耕播种技术同深松整地、秸秆抛撒、生物有机肥施用技术有机结合的四年一循环的保护性耕作技术模式，即：第一年深松整地休闲，第二年播种小麦、收获留茬、秸秆抛撒覆盖，第三年创茬播种油菜，第四年地表处理（耙茬）、播种大麦的四年一个循环的耕作工艺。

6 整地休闲

每隔 3 年用全方位深松机进行深松，深度一般在 35～40cm，且尽可能不破坏地表覆盖。对于全方位深松后的农田进行镇压处理使地表平整，避免播种机拥堵，提高播种质量。选择地块深松整地后进行一年休闲。

7 播种

7.1 种子选择

小麦选择高产、优质、抗逆品种。以小麦东农 126、龙麦 33、龙麦 30、内麦 19 等品种为主。

油菜主推品种以青杂 5 号、青杂 3 号、青杂 19、青杂 2 号、青油 14 为主。

大麦种植品种有垦啤 2 号、垦啤 3 号、垦啤 7 号等。

种子全部进行复式和螺旋式精选，达到籽粒均匀，发芽率 90% 以上，净度 98% 以上，纯度 99%，水分 10% 以下。

7.2 种子处理

小麦种子按干粉种衣剂溶液药种比 1∶50 进行拌种，小麦种子（4 袋 400kg）+ 干粉种衣剂药液 8kg。

油菜种子用 75% 的 3911 需 60～70g+2.5% 适乐时 1.5～2mL（种子量 5‰的多福合剂）+ 增产菌 5mL。

大麦种子用 3% 敌萎丹悬浮种衣剂 +10% 吡虫啉 25～30g。

7.3 免耕播种

休闲一年后，第二年开始免耕播种。第二年小麦、第三年油菜、第四年大麦。用免耕播种机一次性完成破茬开沟、施肥、播种、覆土和镇压作业。作业要求：落籽均匀、播深一致、覆土严密、镇压保墒。进口大平原 2010、大平原 1510 和中国农业机械化科学研究院产 MAE6119、2BMG-18 免耕播种机效果好，配套机型可采用迪尔 6603 拖拉机 + 大平原 1510 免耕播种机，国产徐工凯特迪尔 1804 拖拉机 + 大平原 2010 免耕播种机（在深松地上播种）等。

8 科学施肥

8.1 基种肥

增施有机肥，每亩增施商品有机肥 70kg 以上。

小麦：岭西地区总养分含量 45% 的小麦区域大配方 $N-P_2O_5-K_2O$（16-19-10）为 1 : 1.19 : 0.63，用量 20～25kg/亩。

油菜：岭西地区总养分含量 45% 的油菜区域大配方 $N-P_2O_5-K_2O$（17-20-8）为 1 : 1.18 : 0.47，用量 21～26kg/亩。

大麦：岭西地区总养分含量为 45% 的区域大配方 $N-P_2O_5-K_2O$（15-20-10）为 1 : 1.33 : 0.67，用量 16～20kg/亩。

秋施肥，将基种肥的 2/3 作基肥，于前一年秋季结合整地深施，深度 5～7cm，剩余 1/3 作种肥随播种一次性施入。

8.2 追肥

小麦苗期至三叶期，追施尿素 1～2kg/亩，采用播种机条施侧施，或结合灭草叶面喷施尿素 0.34～0.5kg/亩、磷酸二氢钾 0.2kg/亩；拔节期叶面喷施尿素 0.2～0.34kg/亩；拔节至灌浆期叶面喷施磷酸二氢钾 0.1kg/亩。

油菜追肥：于苗期、蕾薹期及花期及时追肥或叶面喷肥。苗期追施尿素 1kg/亩，或结合灭草叶面喷施尿素 0.5kg/亩；蕾薹期追施尿素 1～2kg/亩，叶面喷施磷酸二氢钾 0.1～0.15kg/亩；花期叶面喷施磷酸二氢钾 0.2kg/亩。

大麦酌情追肥，看苗促控：大麦不提倡中、后期追肥。若确需必要，可于苗期追施尿素 1kg/亩左右，或叶面喷施尿素 0.24～0.5kg/亩。

9 田间管理

9.1 化学除草

秸秆还田的地块要加强杂草防治，小麦在播种后或出苗前选用适宜除草剂喷洒一次。在小麦生育期间，3～4 叶期进行化学药剂灭草，除双子叶杂草亩用 20% 绿黄隆（3g）+72%2,4-D 丁酯（20mL）+壮丰安（25mL），除双子叶杂草和野燕麦亩用 20% 绿黄隆（3g）+72%2,4-D 丁酯（20mL）+10% 骠灵（70mL）+15% 多效唑（10g）。

油菜在播种后或出苗前选用适宜除草剂喷洒一次。油菜亩用高效盖草能 15～20mL（或精禾草克 60～70mL）+15% 多效唑 15g+YZ901 增效剂 10mL 防除野燕麦、偃麦草等禾本科杂草，亩用 50% 高特克 15～20g+25% 胺苯磺隆 4～5g 除灰菜、荞麦蔓等双子叶杂草。

大麦在三叶期，根据不同杂草群落采用不同除草剂，亩用苯磺隆 1.5g+ 甲（绿）磺隆 1.5g+2,4-D 丁酯 20mL+ 增效剂 10mL 或洁田 80～100mL。

9.2 病虫害控制和防治

防治病虫草害是保护性耕作技术的重要环节之一。为了减少免耕地块农作物生长过程中的病虫草危害，保证农作物正常生长，应用化学药品防治病虫草害的发生，采用自走式和机载喷雾机在播种后出苗前或出苗后作物生长初期进行药剂喷施。

配套机型：主要采用美国进口凯斯高地隙自走喷药机3185、3230、3330，约翰迪尔自走喷药机4720、4730、4930以及国产中机美诺3880型喷药机进行作业。

10 收获留茬，秸秆抛撒覆盖技术

当进入蜡熟中期进行割晒，小麦、大麦、油菜采取机械收获留茬。留茬高度在15~20cm，采用带秸秆粉碎器联合收割机，在收获作业时，对作物秸秆进行直接粉碎并均匀抛撒的还田技术。秸秆粉碎长度小于10cm，呈扇状抛撒，抛撒均匀率大于90%，覆盖率达到100%。

配套机型：主要采用德国克拉斯，美国凯斯2388，纽荷兰CSX7070、CSX6080，约翰迪尔1075、1076，加拿大M100、M150自走割晒机等大型进口机械进行收获和秸秆抛撒作业。

11 技术特征阐释

11.1 大型免耕播种机的使用，实现了保护性耕作技术深松、秸秆粉碎抛撒覆盖、刬茬播种、耙茬地表处理的相配套，使呼伦贝尔市土地耕作四年一个循环轮作工艺形成了体系。

11.2 免耕地的地表留有大量根茬和秸秆，对土壤具有明显的保护作用。能够减少地表水径流，不易发生风蚀水蚀，土壤蓄水能力大大提高。免耕播种土壤扰动小，减少了土壤水分蒸发，在干旱气候条件下，土壤湿度相对维持较好，起到良好的抗旱作用。

11.3 大型免耕播种机技术先进，适应性和可靠性强，作业效率高。无论是油菜茬或小麦茬均能顺利实现地表秸秆切断，播种、施肥、覆土、镇压一次完成，保证了农业技术要求。不用人员站在播种机上随机监视作业质量，减轻了农民劳动强度，作业比较安全。

11.4 大型机械化免耕播种技术相对传统耕作方式具有一定增产潜力。多年免耕作业不仅提高了土壤有机质含量，使耕地地力增强，同时，相对于春翻土地种植作物，其施肥量有所减少。

第六节 发展建设思路

一、加大基础设施建设，推进旱作节水技术步伐

农业基础设施建设是现代农业发展的基石。该地区要增加投资的机遇，把加强农田

水利工程建设作为提高粮食生产能力的重要工作。旱地面积大、农田基础设施薄弱是当前粮食生产的主要突出问题之一。要加大政府扶持和科技投入，完善农田基本设施，扩大范围，逐步建成旱作稳产基本农田。提高旱能灌、涝能排高产稳产田的比例。

大兴安岭丘陵区水资源丰富，但由于农田基础设施薄弱，水资源利用率低。加快发展节水灌溉技术对呼伦贝尔市的粮食生产和可持续发展战略具有重要意义。虽然近几年有了新的突破，喷灌、滴灌等新型节水技术从无到有、面积由小变大，并取得了良好的经济效益、社会效益与生态效益。但本地区应用高效节水灌溉技术受到多种因素的制约，整体发展速度缓慢。

二、加大科技资金投入，提高旱作农业科技含量

推广旱作节水技术也是本地区农业生产重点工作之一。发展旱作节水农业，提高旱作农业综合生产水平，改变生产条件和生态环境，提高降水利用率，以确保本地区农业持续发展，促进优质高效，节本增效，农民增收的良好路子。要进一步加大旱作农业技术推广力度，以国家和内蒙古自治区的强农惠农项目为平台，加大科技资金投入，开展试验示范，实施大规模培训，集成推广节约化、轻简化综合增产技术模式，提高实用技术的覆盖面，辐射带动大面积生产，促进增产增收目标任务的实现。

三、引导土地集中流转，增大规模化的生产能力

培育和发展种粮大户就是保护和提高呼伦贝尔市粮食生产能力，但目前种粮大户在发展过程中也遇到一些不容忽视的问题。建议尽快研究出台推进土地承包经营权流转的政策意见，通过政策引导和行政推动，按照依法、自愿、有偿的原则，积极培育土地流转市场和中介服务组织，通过自愿流转、委托经营、土地入股、反租倒包等多种形式，不失时机地推进农业规模化经营，促进种粮大户的发展，引导大户采用签订合同的办法来保护自身种粮的权益。

第二章

阿荣旗旱作农业技术

第一节 区域概述

阿荣旗位于大兴安岭东麓,东经122°2′~124°5′、北纬47°56′~49°19′。西部与扎兰屯市隔河相望,东部与莫力达瓦达斡尔族自治旗为邻,北部和鄂伦春自治旗相连,西北部与牙克石市接壤,南以金界壕为界与黑龙江省甘南县毗邻,是以农业为主的旗市。

一、农业概况

阿荣旗总面积110.7万 hm^2,根据2014年统计数据,该旗耕地面积为31.4万 hm^2,旱地面积28.1万 hm^2,旱地面积占总耕地面积的89.5%。粮食总产量达20.8亿kg,平均亩产465.3kg,农民人均收入12966元。2005年以来,随着粮播面积逐渐增加和农业相关适用技术的推广和普及,粮食产量增加明显。数据显示,粮食播种面积由24.2万 hm^2 增加到29.8万 hm^2,增加23.2%;粮食总产量由2005年的7.5亿kg增加至2014年的20.8亿kg,10年间增加177.1%;年农民平均收入由0.3万元增加至1.3万元。全旗粮食产量持续稳定提高,得益于国家一系列支农惠农政策落实,加快种植业结构调整步伐,实施国家和内蒙古自治区重点农业项目,加强技术示范推广和宣传培训,有效提升农民的科学种田意识和水平,促进了农业生产发展,让农民获得更大的经济效益(图2-1、图2-2)。

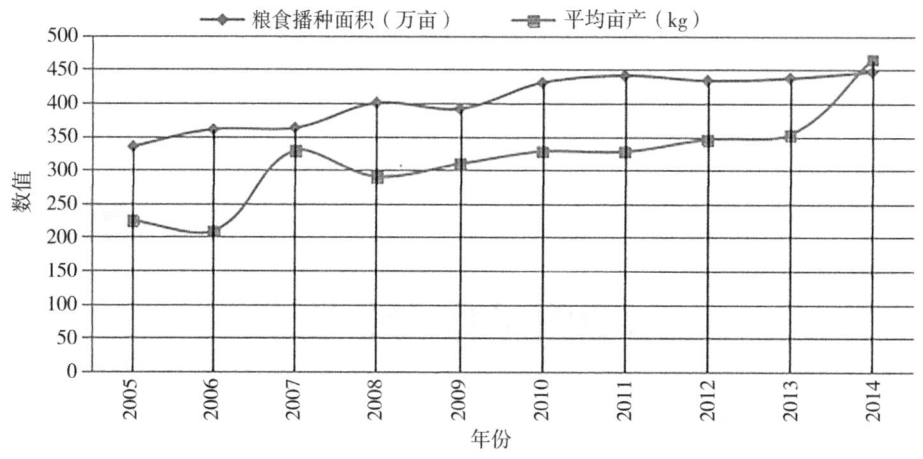

图 2-1　2005—2014 年阿荣旗粮食播种面积及平均亩产时序变化图

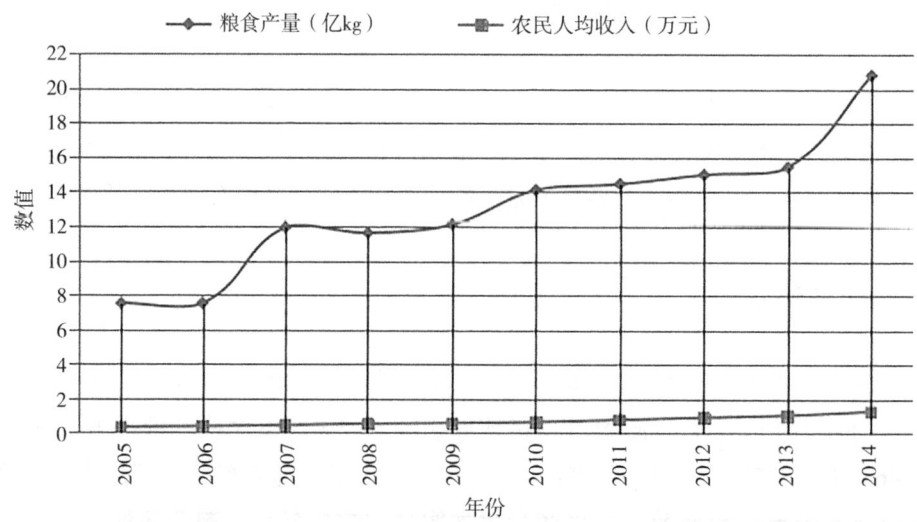

图 2-2　2005—2014 年阿荣旗粮食总产量及农民人均收入时序变化图

二、耕地资源基本情况

阿荣旗耕地占呼伦贝尔市耕地总面积的 17%，集中分布于阿荣旗中部、东部和南部乡镇。耕地土壤主要有暗棕壤、黑土、草甸土和沼泽土等。耕层和有效土层较厚，在 30～60cm，部分大于 60cm，分布地形较平缓，物理性状较好，养分含量较丰富，其中有机质平均含量 47.7g/kg，全氮 2.4g/kg，有效磷 22.7mg/kg，速效钾 166mg/kg，pH 值为 5.7，呈微酸性。微量元素中，有效硼含量平均值低于临界值 0.5mg/kg，其他元素含量都比较丰富。生产性能高，产量水平一般大豆 2250～3000kg/hm^2，玉米 6000～7500kg/hm^2。分布地形平缓，适耕期长，适于种植多种作物，具有较大的生产潜力。

阿荣旗耕地面积31.4万 hm²，其中旱地28.1万 hm²、水田8.5万 hm²、水浇地2.8万 hm²。根据规定作物产出能力，将阿荣旗耕地地力分6个等级，每个等级亩产相差3000kg/hm²，一等地亩产>13500kg/hm²，六等地亩产<1500kg/hm²。三等地以下为中低产田。其中三等地面积最大，为150.4万亩，其次是二等地和四等地，相差不多，分别为114.1万亩和113.2万亩（图2-3）。

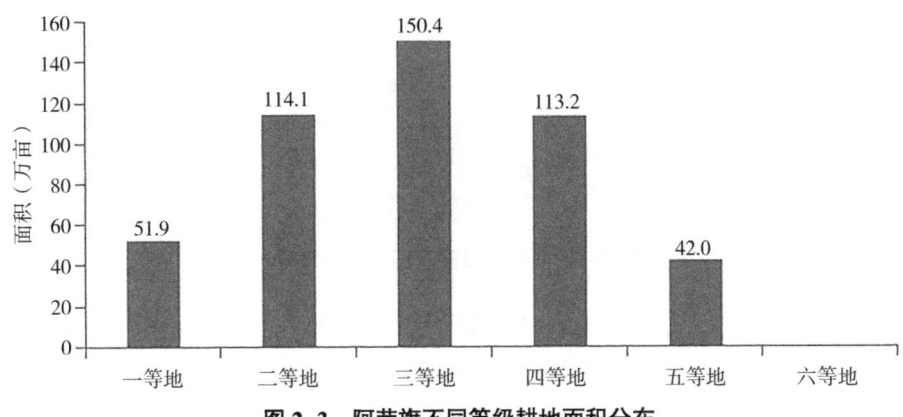

图2-3 阿荣旗不同等级耕地面积分布

第二节 制约因素和存在问题

阿荣旗的农业生产是以旱作农业为主的地区。旱耕地占耕地总面积的85%以上。由于降水时空分布不均，生产条件较差，该地区农作物产量低而不稳，农业发展缓慢。虽有丰富的水资源，但利用率较低，尤其是坡耕地，农田基础设施不完善，抗御自然灾害的能力低，致使春旱发生频繁，水土流失严重，土壤肥力下降，已严重地影响了农牧各业生产的正常进行。因此发展旱作节水农业，提高旱作农业综合生产水平，改变生产条件和生态环境，提高降水利用率，以确保本地区农业可持续发展，促进优质高效，节本增效，农民增收的良性循环的路子。

一、制约因素

阿荣旗农业制约因素主要以耕地中低产田障碍类型来表现。经调查分析，把全旗耕地中低产田划分为灌溉改良型、坡地梯改型、渍涝型、障碍层次型和瘠薄型五大类型，重点应用农艺等技术、生物、农机、工程等技术措施进行中低产田改造，逐渐减少制约因素。据统计，阿荣旗粮食产量10500kg/hm²以下的中低产田面积达20.3万 hm²，占总耕地面积的65%（图2-4）。

瘠薄型，面积最大，为4.9万 hm²，占中低产田总面积的24%。该类型耕地主要分布在丘陵地带和河谷阶地，土壤类型以暗色草甸土、黑土和暗棕壤为主。主要障碍因素是土层较薄，养分含量低，一种或多种养分含量缺乏。

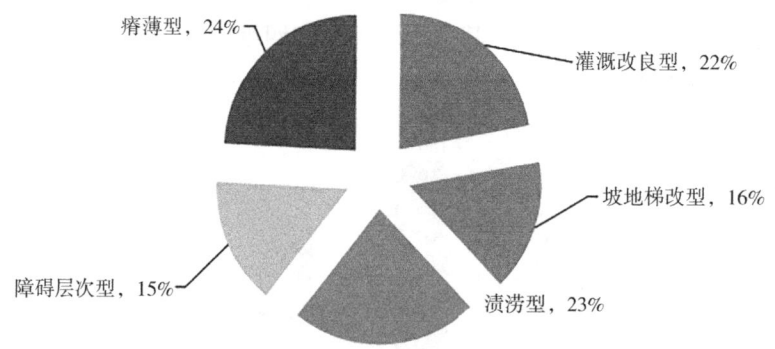

图 2-4　中低产田类型面积分布情况

渍涝型，面积次之，4.7 万 hm^2，占中低产田总面积的 23%。主要分布于河谷阶地、沉积平原和河漫滩，成土母质为洪冲积物，土层厚度多在 40～80cm。养分含量属中等水平，由于地形低洼、质地黏重，基础农业设施薄弱导致排水不畅。

灌溉改良型，面积 4.5 万 hm^2，占中低产田总面积的 22%。此类土壤主要分布在丘岗坡面，地下水位较低，80% 无灌溉条件。土壤养分含量属于中等水平，主要障碍因素是土壤干旱、灌溉设施不完善。

坡地梯改型，面积 48 万 hm^2，占中低产田总面积的 16%。该类型分布在丘岗顶部和河谷阶地。指坡度 >6° 的坡耕地。侵蚀程度为中度或强度侵蚀。土壤类型以暗棕壤为主，土层较薄，养分含量属中等水平，主要问题是水土流失比较严重，耕层浅。

障碍层次型，面积 3 万 hm^2，占中低产田总面积的 15%。该类型在剖面构型上有严重缺陷，坡土壤侵蚀较轻，一般分布于丘岗坡麓和河谷阶地，有效土层 >40cm。其障碍程度与改良难易取决于障碍层次的物质组成、厚度、出现部位等。

二、存在问题

（一）掠夺式经营，土壤肥力衰退

该旗耕地土壤以黑土、暗棕壤、草甸土为主，土壤基础肥力水平较高。但长期以来，掠夺式经营，投入不足，导致土壤肥力衰退。突出表现在两个方面：一是土壤有机质下降，养分失衡。由于有机肥投入不足，长期大量施用化肥，尤其磷肥过量施用导致土壤磷素富集，有效磷含量翻了一番。二是耕地土壤物理性状变劣。该区域自然土壤多为团粒结构，通透性好，适耕性强。土壤有机质含量下降，导致土壤团粒结构消失，使土壤物理性状变差；加之长期分散经营的小农户缺乏大型机械，普遍使用小型农机具耕翻，耕层变薄，犁底层变厚、变硬、上移，土壤适耕性变差，水、肥、气、热的不协调，直接影响作物产量。

（二）土壤侵蚀加剧，耕地土层变薄

阿荣旗开垦历史相对较久，农业开发过程中，由于缺乏科学规划和合理布局，过度开垦、陡坡垦植、开荒到顶的现象普遍存在，使生态环境遭到严重破坏。加之该区域70%以上的降水量集中在7—9月，降水强度大，易产生径流，土壤侵蚀严重。土壤侵蚀导致土层变薄，在近30年间，该地区的有效土层厚度平均减少了10～15cm，在很多陡坡垦殖的耕地和高位种植的耕地表层土壤已经侵蚀殆尽，心土裸露，地表砾石遍地，处于弃耕的边缘；而且区域内沟壑纵横，不仅直接影响农业生产，同时造成生态环境恶化。

（三）基础设施薄弱，抗御自然灾害能力低

阿荣旗旱耕地面积占总耕地面积85%以上，农田基础设施不完善，抵御自然灾害能力不强，限制了农业生产。近几年，随着阿荣旗的经济发展和人类活动的增加，生态环境趋于恶化。水土流失严重，土壤肥力下降。由于农区林地面积减少，生态屏障作用大大减弱，蓄水防洪能力降低。

第三节 技术推广现状

推广旱作节水技术也是本地区农业生产重点工作之一。通过近几年推广工作，阿荣旗旱作节水技术覆盖面积逐步扩大，有效提高了农业资源利用效率，促进了阿荣旗农业高产、高效。2014年，全旗应用全膜覆盖技术1万亩，半膜覆盖面积29万亩，深耕深松69万亩，移动式喷灌4.5万亩，膜下滴灌17万亩。全旗应用旱作节水技术的单项合计面积为120.7万亩（图2-5）。

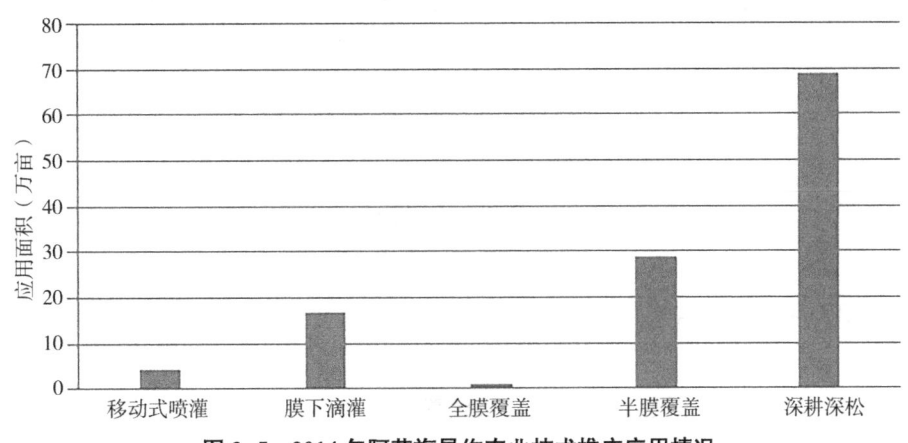

图2-5 2014年阿荣旗旱作农业技术推广应用情况

多年来，市各级农业技术人员实行分工包片指导，全程跟踪指导田间工程建设及作物生长各个环节，并使旱作农业适用技术得到快速推广，注重典型的示范作用，达到以点带面效果。在春耕和作物生长关键期组织种粮大户现场观摩示范基地，通过现场演讲和宣传，鼓励引导农户自觉采用现代农业科技成果。通过旱作技术的示范推广，对呼伦贝尔市旱作节水农业的发展和农业综合生产能力的提高发挥了重要作用。近3年的调研数据显示，地膜覆盖技术使玉米平均亩增产141.67kg、马铃薯亩增产235kg；应用深耕松技术，水稻平均亩增产26.67kg、玉米亩增产70kg、马铃薯亩增产38.33kg、大豆亩增产38.0kg；进行秸秆覆盖，玉米亩增产36.67kg。

第四节　主要技术模式

主要技术框架见图2-6。

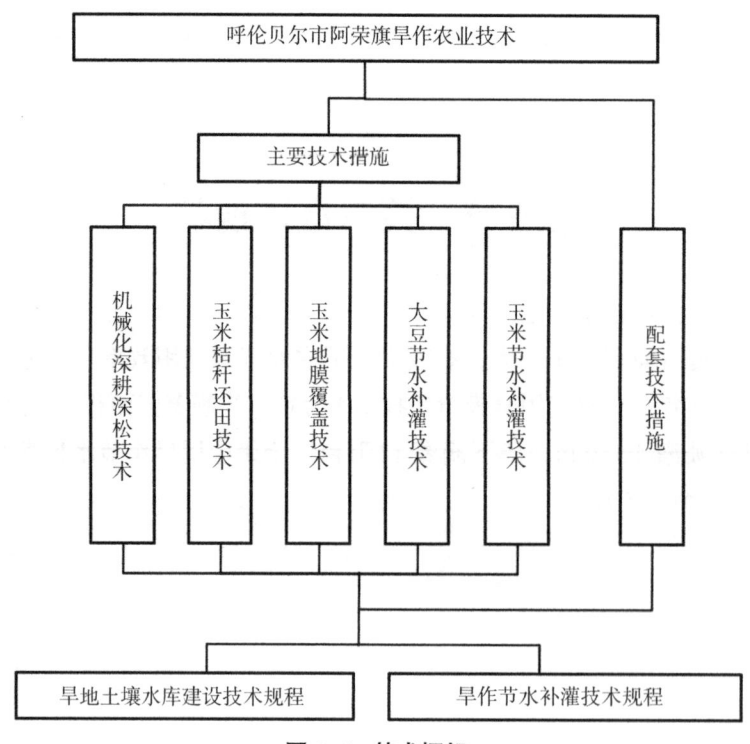

图2-6　技术框架

一、机械化深耕深松技术

该技术是用深松铲或凿形犁等松土农具疏松土壤而不翻转土层的一种深耕方法。利用机械深耕深松，可以使耕层疏松绵软、结构良好、活土层厚、平整肥沃，使固相、液相、气相比例相互协调，适应作物生长发育的要求。

（一）主要技术措施

采用在铧式犁的犁体后面加装深松铲的办法来实现上翻下松不乱土层。深松铲有单翼式、双翼式两种。单翼铲为加强型凿形犁铧，松土时产生的侧向力由主犁体的犁侧板平衡。旱田系列悬挂式深耕深松三铧犁 1LDS-300S 即采用了幅宽为 22.5cm 的单翼深松铲。双翼深松铲的形状与中耕锄铲相似，但结构更为坚固。

一般在秋收后进行全方位深松，采取以深松为主、翻耕为辅的耕作制度。采用国产徐工凯特迪尔 1804 拖拉机 +1SL-300 深松整地机等联合整地机或深松浅翻犁进行深松整地，提高土壤的蓄水能力，并通过翻耕将秸秆埋入地下 20cm 处。根据土壤情况，一般每隔 3 年用全方位深松机进行深松，深度一般在 35cm 左右，且尽可能不破坏地表覆盖。

深松铲与主犁体的纵向距离不应小于 500mm。使用 1GTN-200 型深松起垄旋耕机、滚垄耙等机械，实现深松、碎土、起垄等复合作业。主要功能是破碎深松后的土块。此外，在垄作地区的苗期垄沟、垄帮深松技术、垄翻深松技术和深松播种技术，也都有深松、保墒、增温和一次完成多项作业的作用。

（二）技术规范

适耕条件：一般情况下，土壤含水量在 15%～22% 时适宜进行深耕机。
减少开闭垄，闭垄高度应小于 10cm，开垄宽度小于 35cm、深度小于 10cm。
实际耕幅与犁耕幅一致，避免重、漏耕。
立垡。回垡率小于 3%。
深松的深度应视耕作层的厚度而定。一般中耕深松深度为 20～30cm，深松整地为 30～40cm，垄作深度为 25～30cm。

（三）注意事项

一是耕翻作业宜在前茬作物收获后立即进行，因为这时不仅耕地可及时将地面的残茬和杂草翻入土中，使它腐烂，减少以后的病虫害和杂草繁殖，同时也有较多的机会充分接纳降水和促进土层熟化。特别是对休闲地，争取早翻耕更为重要。

二是深耕深松是重负荷作业，一般都用大中型拖拉机配套相关的农机具进行。耕作的适宜深度一定要因地制宜，既要根据当地的土质、耕层、耕翻期间的天气和种植作物等条件选择。还要考虑劳力、农机具和肥料的情况。如翻耕后持续干旱，又无水源补偿，则耕深宜适当浅些，盐碱地忌一次犁得过深，以免加重耕层土壤的盐化。

三是深耕深松要在土壤的适耕期内进行。深耕的周期一般是每隔2～3年深耕一次。

四是深耕深松的同时，应配施有机肥。由于土层加厚，土壤养分缺乏，配施有机肥后，可促进土壤微生物活动，加速土壤肥力的恢复。

二、玉米地膜覆盖栽培技术

地膜覆盖技术有助于改善玉米的水肥温度等生态因素，为玉米生长发育、提早成熟创造良好的生育环境，使高产品种潜力得到充分发挥。

（一）主要技术措施

在生产中小垄单行（行距65～70cm），覆盖膜宽30～40cm，大垄（行距100～105cm）双行，膜宽70～80cm。采用气吸式覆膜机进行半膜覆盖播种，项目区全部选用幅宽90cm、厚0.008mm的蓝光膜。

1. 先播种后覆膜

出苗后破膜放苗，优点是不仅适于机器播种，还可以保证播种覆膜质量，出苗整齐。但不利于播前保墒，破苗封口费工，放苗不及时烫苗。在地势平坦、墒情较好、便于灌溉地块可以采用。

2. 先覆膜后播种

播种时在膜上打孔，播后用湿土封好膜孔，这种方法有利于播前保墒，一般不用放苗。但播种时费工，适于无灌溉条件地块。

（二）注意事项

覆膜务必在无风天气进行，覆膜时将膜拉紧展平，紧贴耕层地面，膜两边各压5～10cm土，膜上每6～7m要压一土带，防止大风鼓膜。

（三）配套技术

1. 适时播种，合理密植

播种比裸地种植提前5～10d，种植密度要适当增加，比裸地栽培增加10%。播前土壤相对含水量在60%以上，盖土深不少于3cm，适宜镇压，保全苗。

2. 实施控肥增效技术

（1）增施有机肥，提高土壤贡献率。增施有机肥料是增加土壤养分，改善土壤理化性状的重要途径。因此，提倡增施有机肥料，达到耕地用中养，养中用。结合整地亩施优质农家肥1000kg。

（2）化肥施用采取测土配方施肥技术，提高肥料利用率。调整氮、磷、钾比例，适当补充微肥，同时改进施肥方法，提高化肥利用率，发挥化肥最佳效果。大豆作物，化肥N∶P∶K比例以11∶19∶15（总养分含量45%肥料大配方，根据地块和品种可自行小调整），亩施配方肥20～25kg作种肥，结合播种一次施入，并且在大喇叭口期追施尿素14kg/亩。

三、玉米秸秆还田技术

实行玉米秸秆还田可以增加土壤中的有机质含量，培肥地力，改善土壤结构，有利于农业的可持续发展。

（一）主要技术措施

1. 粉碎处理

玉米成熟后，采用联合收获机械边收获玉米穗边切碎秸秆5～10cm，或人工摘穗、人畜力运穗出地后，再用秸秆粉碎机粉碎秸秆，使其均匀覆盖地表，不要超过1000kg/亩。

2. 施用秸秆腐熟剂

按每亩2kg秸秆腐熟剂用量，将腐熟剂与适量潮湿的细沙土混匀后均匀地撒在作物秸秆上，或兑水用喷雾器均匀喷洒在作物秸秆上，再用机械或畜力将秸秆翻埋入耕层内，秸秆深翻入土时每亩增施5kg尿素调节碳氮比。利用雨水或灌溉水使土壤保持较高的湿度，达到快速腐烂的效果。

（二）注意事项

一是尽早翻耕。机械收获玉米秸秆粉碎后被均匀撒在田地之中，此时要尽快将秸秆翻耕入土，最好是边收边耕埋。

二是还田秸秆数量要适中。过多的秸秆会影响下茬的播种质量。

三是足墒还田。

四是适宜的温度。田间土壤的温度高低不仅影响微生物群体组成活性，也将影响土壤酶的活性。温度过高会抑制微生物活动，使土壤中酶失去活性，温度过低微生物活性弱，玉米秸秆腐烂缓慢。

五是作业时不可将切碎还田机升得过高或降得过低，留茬高度应控制在5～10cm范围内。

（三）配套措施

1. 深施底肥

于春季播种时，侧深施底肥 30kg 玉米配方肥，结合播种一次施入，并且在大喇叭口期追施尿素 14kg/亩。

2. 耕作整地

采用深耕深松机进行深耕作业，耕作深度 25cm 以上，将玉米秸秆全部打入土层，减少表土秸秆量，加快秸秆腐烂。

3. 田间管理

秸秆翻入土壤后，如果墒情不好，需浇水调节土壤含水量。同时，人工定苗除草，及时防治病虫害。

四、大豆节水补灌技术

近几年的示范推广，阿荣旗膜下滴灌技术应用面积逐步增加。根据 2014 年调研统计，膜下滴灌技术应用面积近 20 万亩，增产增效突出。

（一）主要技术措施

1. 大豆坐水种植技术

大豆是需水量较多而又相对不耐旱的作物，大豆蒸腾系数为 300～1000，全生育期需水量 330～400m^3/亩。大豆苗期比较耐旱，从分枝期开始需水量逐渐加大，结荚、鼓粒期蓄水强度最大，之后逐渐减少。

人工坐水点种。一般应用于穴播作物。在田块上按作物不同密度挖种子坑，同时在坑中施底肥。在每个坑穴中浇水 2kg 左右，浇灌水全部渗入土壤后，在穴底点种，随即覆盖 2～3cm 的湿土，并轻压。

机械坐水种植。应用滤水播种覆膜机进行大豆坐水条播抗旱播种，确保一次播种保全苗。采用坐水条播抗旱播种亩用水量 2～5m^3（也可结合墒情预报，确定土壤含水量），可以提高出苗率 20%～30%。

2. 大豆节水补灌技术

以 9～15kW 小型拖拉机为动力，采用 ZY-2 型 10 喷头移动式小型喷灌机，利用田间大口井、河流小溪为水源进行适时补灌水。每台喷灌设备可灌溉面积 100～150 亩。

当作物出现旱象（萎蔫）或土壤含水量接近萎蔫系数时（沙壤土 6.9%，黏壤土 12.4%，黏土 16.6%）及时进行补灌水。一次补灌水量 30m^3/亩左右。

根据大豆生长发育需水规律进行补水喷灌。一般应灌 3 次关键水：分枝—开花期补灌水量 25m³/亩；开花—结荚期补灌水量 30～40m³/亩；结荚—鼓粒期补水量 25～35m³/亩。

喷灌时要控制喷灌强度小于入渗速度，以地表不产生径流、不破坏土壤结构、地表不板结为宜。灌水量以达到湿土层为准。

（二）配套技术

1. 高标准平整土地

采用机械或人工的方法平整土地，平地缩块，使同一耕作单元地表相对高差小于 10cm。每个耕作单元的大小根据地形地貌、灌溉条件、农机作业等因素确定，一般每个耕作单元 100～500 亩。

2. 应用抗旱剂、保水剂

旱地每 10kg 种子加入土壤保水剂 0.4～0.6kg 拌种。土壤施入保水剂 0.5～2kg/亩，将所需保水剂和农肥按比例混匀，均匀撒在地里。也可采取穴施或沟施的方法，结合春播前整地，将保水剂翻入土中（抗旱剂、保水剂主要品种有：旱地保墒剂、活绿宝抗旱剂、抗旱保水粉等品种）。

3. 起垄

在一些降水强度较大的地区，采取田块起垄的方法，拦蓄降水，有效增加土壤蓄水量。一般垄高 20～25cm。

4. 选择抗旱品种

根据当地气候特点和土壤条件，选择具有植株紧凑叶面窄，根系发达的作物品种，大豆选用合丰 40、疆莫豆 1 号、垦鉴豆 25 等品种。

五、玉米作物节水补灌技术

阿荣旗春玉米全生长期需水量 200～3000m³/亩，蒸腾系数为 250～450。玉米在抽雄、抽丝期阶段耗水量最大，是需水临界期，占全生育期的 60% 左右，拔节期、灌浆期次之，为 23%～29%；而苗期植株小、叶片少，较耐干旱，需水量少，只占全生育期的 15%～17%。

（一）主要技术措施

1. 坐水种植

采用 2BMS-1（2）型播种覆膜机，该机械可滤水、播种、施肥、压膜一次性完成。施水量 1～2t/亩，生产率为 3～9 亩/h，用膜量 4.5kg/亩。可提高出苗率 20%～30%。

2. 节水补灌技术

以 9~15kW 小型拖拉机为动力，采用 ZY-2 型 10 喷头移动式小型喷灌机，利用田间大口井、河流小溪为水源进行适时补灌水。每套喷灌设备可灌溉面积 100~150 亩。

当作物出现旱象萎蔫或土壤含水量接近萎蔫系数时（沙壤土 6.6%、黏壤土 10.2%、黏土 15.2%）及时进行补灌水。一次补灌水量 35m³/亩左右。

根据玉米生长发育需水规律适时进行喷灌。苗期—大喇叭口期补灌水量 27m³/亩左右；大喇叭口—抽穗期补灌水量 36m³/亩左右；抽穗—灌浆期补灌水量 27m³/亩左右。

喷灌时要控制喷灌强度小于入渗速度，以地表不产生径流、不破坏土壤结构、地表不板结为宜。灌水量以达到湿土层为准。

（二）配套技术

1. 土地整理

采用机械或人工的方法平整土地，平地缩块，使同一耕作单元地表相对高度差小于 10cm。每个耕作单元的大小根据地形地貌、灌溉条件、农机作业等因素确定，一般每个耕作单元 100~500 亩。

2. 应用抗旱保水剂

旱地每 10kg 种子加入土壤保水剂 0.4~0.6kg 拌种。土壤施入保水剂 0.5~2kg/亩，将所需保水剂和农肥按比例混匀，均匀撒在地里。也可采取穴施或沟施的方法，结合春播前整地，将保水剂翻入土中（抗旱剂、保水剂主要品种有：旱地保墒剂、活绿宝抗旱剂、抗旱保水粉等品种）。

3. 起埂

在一些降水强度较大的地区，采取田块起埂的方法，拦蓄降水，可以有效增加土壤蓄水量。埂高 20~25cm。

4. 选择抗旱品种

根据当地气候特点、土壤条件及市场需求，选择适应性强、产量高、性状好的优质品种，如海玉系列。

5. 覆盖栽培技术

地膜覆盖：采用滤水播种机和节水条播机进行机械覆膜。实现播种、覆膜、施肥、压膜一次性完成。幅宽 90cm，亩用地膜 4.5kg。

生物覆盖：秸秆覆盖在玉米收获后进行，要及时耕翻，然后将玉米秸秆平行于耕作方向均匀覆盖地表，第二年 4 月下旬测定比裸露土壤含水量提高 3%~8%，每亩净含水量增加 15~40m³。1 亩地所产秸秆量可以覆盖 1~1.5 亩的耕地，第二年播种时将秸秆顺置于垄上，待出苗后锄地前清除后沤肥或秋季机械粉碎还田。

第五节　技术规程

一、旱地土壤水库建设技术规程

（一）技术总则

1. 适用范围

本技术规程适用于阿荣旗主要大田作物种植区域，可用于本地区的旱作农业示范基地建设、高标准农田建设、农业综合开发、土地开发整理、生态环境建设等工作领域中的有关土壤水库建设技术范畴。

2. 主要目的

将本地区中低产田土壤保墒措施的进一步科学化、合理化，为当地旱作农业发展提供技术支撑，促进农业增产增收。

3. 相关要求

土壤水库建设技术的实施必须注重综合效益、加大管理、保证技术质量，同时要因地制宜、方法可行、技术到位，提高中低产田土壤肥力，增加作物产量，改善生态环境。

（二）术语和定义

1. 平整土地

作物播种或移栽前，为对表土进行整治，形成符合农业要求的良好的土壤耕层构造和表面状态的一系列土壤耕作措施。

2. 深耕深松

用深松铲或凿形犁等松土农具疏松土壤而不翻转土层的一种深耕方法。深耕和深松是两种不同的耕作方法。

3. 秸秆还田

秸秆还田是把不宜直接作饲料的秸秆（玉米秸秆等）直接粉碎或堆积腐熟后施入土壤中的一种方法。

4. 地膜覆盖

即地面覆盖薄膜，是通过地面覆盖PE薄膜，提高地温、保水、保肥、改善土壤理化性质，提高土壤肥力，抑制杂草生长，减轻病害的一种农业栽培技术。

（三）技术标准

1. 田面平整

春播前，分厢揭表土，挖高填低，尽可能不扰乱原来土层；平整底土后，进行表土还原，田面平整度应达到 ±3cm，田块成形。

2. 保温保墒

利用机械深耕深松、秸秆还田、地膜覆盖等技术可以使耕层疏松绵软、结构良好、活土层厚、平整肥沃，使固相、液相、气相比例相互协调，促使耕层土壤保温保墒。

（四）技术实施

1. 平整土地

平整高差不大的田面：可结合耕作进行平整，即在翻、耙时将高处土移填到低处。中间高、两边低的地形：耕地时从两边下坡沿等高线往返横犁，使中间高处的土地均匀地翻向两边，逐步翻平。斜坡地形：耕地时从下坡沿登高线搭犁向外深翻，经过多次翻耕，可达到基本平整。

平整高差大的田面：先从挖填分界线开始，沿横向或纵向挖一土槽，宽度随取土深度和运输工具而异，一般为 60~100cm，深达标准地面以下 30cm，将土运走，填入低处，然后把槽低的死土挖松 30cm、将槽侧同宽 30cm 的表层熟土铺于槽底，达到标准地面高程。用同样的方法依次向前平整。为防止沉陷，填土部分应高于标准地面，其值约为填土厚度的 1/7。为了保持土壤肥力和减少平整工作量，旱作区表土层熟土厚度以 25cm 左右为宜，平整土地要遵守"生土垫底，熟土铺面"的原则。

2. 深耕深松

一般在秋收后进行全方位深松，采取以深松为主、翻耕为辅的耕作制度。采用国产徐工凯特迪尔 1804 拖拉机 +1SL-300 深松整地机等联合整地机或深松浅翻犁进行深松整地，提高土壤的蓄水能力，并通过翻耕将秸秆埋入地下 20cm 处。根据土壤情况，一般每隔 3 年用全方位深松机深松一次，深度一般在 35~40cm，且尽可能不破坏地表覆盖。

3. 秸秆还田

收获粉碎处理：玉米成熟后，采用联合收获机械边收获玉米穗边切碎秸秆 5~10cm。人工摘穗、人畜力运穗出地后，再用秸秆粉碎机粉碎秸秆，使其均匀覆盖地表，不要超过 1000kg/亩。

施用秸秆腐熟剂：按每亩 2kg 秸秆腐熟剂用量，将腐熟剂与适量潮湿的细沙土混匀后均匀地撒在作物秸秆上，或兑水用喷雾器均匀喷洒在作物秸秆上，再用机械或畜力将秸秆翻埋入耕层内，秸秆深翻入土时每亩增施 5kg 尿素调节碳氮比。利用雨水或灌溉水使土壤保持较高的湿度，达到快速腐烂的效果。作业时不可将切碎还田机升得过高或降得过低，留茬高度应控制在 5～10cm。

4. 地膜覆盖

在生产中小垄单行（行距 65～70cm），覆盖膜宽 30～40cm，大垄双行（行距 100～105cm），膜宽 70～80cm。采用气吸式覆膜机进行半膜覆盖播种，项目区全部选用幅宽 90cm、厚 0.008mm 的蓝光膜。要先覆膜后播种，播种时在膜上打孔，播后用湿土封好膜孔，这种方法有利于播前保墒，一般不用放苗。但播种时费工，适于无灌溉条件地块。覆膜务必在无风天气进行，覆膜时将膜拉紧展平，紧贴耕层地面，膜两边各压 5～10cm 土，膜上每 6～7m 要压一土带，防止大风鼓膜。

二、旱作节水补灌（喷灌）技术规程

（一）技术总则

1. 适用范围

本规程适用于阿荣旗及周边地区大田作物种植区域。可用于该地区的旱作农业示范基地建设、高标准农田建设、农业综合开发、节水农业技术开发、生态环境建设等工作领域中的有关节水灌溉技术范畴。

2. 主要目的

为有效提高农业生产的水分利用率及增产效益，在促进农业发展、农民增收等方面提供可靠的技术参考。

3. 相关要求

要有一般的河流、渠道、塘库、井泉等喷灌水源。

水源提供的水量、流量、水质必须满足喷灌系统的要求。

移动式喷灌机行道的路面应平直、无横向坡度；若主机跨渠行进，渠道两旁的机行道，其路面高程应相等。

（二）术语和定义

1. 节水灌溉的含义

节水灌溉是用尽可能少的投入，取得尽可能多的农作物产品的一种农业高效用水模式。它是技术进步的产物，是发展高产、优质、低耗、高效农业的重要环节。

2. 喷灌

喷灌是把由水泵加压或自然落差形成的有压水通过压力管道送到田间，再经喷头喷射到空中，形成细小水滴，均匀地洒落在农田，达到灌溉目的一种灌溉方式。

喷灌强度：即单位时间内喷灌在灌溉土地上的水深。

喷灌均匀度：是指在喷灌面积上水量分布的均匀程度，它是衡量喷灌好坏的主要原因之一。

水滴打击强度：水滴打击强度也就是单位喷洒面积内水滴对作物和土壤的打击动能。

3. 作物需水量

在正常生育状况和最佳水、肥条件下，作物整个生育期中，农田消耗于蒸散的水量。

4. 作物蒸腾系数

又称需水量，指植物合成1g干物质所蒸腾消耗的水分克数。蒸腾系数是一个无量纲数，值越大说明植物需水量越多，水分利用率越低。

（三）技术标准

通过农田灌溉设施的有效利用，耕地地力提高一个等级，使中产田变高产田。

根据《喷灌工程技术规范》（GB/T 50085—2007）中对技术参数的具体要求，喷灌灌溉水利用系数不低于0.85，灌水均匀系数不低于0.75，喷灌强度不超过允许值，灌溉保证率不低于85%。灌水均匀度可达80%～90%，水的利用率达到60%～85%。

设计灌水定额和设计灌水周期应根据阿荣旗本地区试验资料确定。在缺乏试验资料的地区，可按照邻近地区的喷灌或地面灌水的试验资料，按下列公式计算灌水定额。

$$m = 100yh(\beta_1 - \beta_2)\frac{1}{\eta} \tag{2-1}$$

式中，m 为设计灌水定额（mm）；y 为土壤容重（kg/cm³）；h 为计划湿润层深度（cm）；β_1 为适宜土壤含水量上限（重量百分比）；β_2 为适宜土壤含水量下限（重量百分比）；η 为喷洒水利用系数；喷洒水利用系数根据本地区气候条件取值 $\eta = 0.7 \sim 0.8$。

（四）技术操作

1. 喷灌机组装

以9～15kW小型拖拉机为动力，采用ZY-2型10喷头移动式小型喷灌机，利用田间大口井、河流小溪为水源进行适时补灌水。每台喷灌设备可灌溉面积100～150亩。

喷灌设备包括喷头、管道及其附件、动力设备和水泵等。

喷灌设备的安装严格按照《农业节水灌溉工程技术规范》（T/CIET530—2024）、《喷灌工程技术规范》（GB/T 50085—2007）要求执行。

由于该地区土壤一般为壤土，因此选择喷灌强度（Ps）值中等的一组喷头参数即可。地形坡度对运行喷灌强度也有影响，所以在地形坡度较大时，应选喷灌强度（Ps）小的喷头性能参数。

在工程设计中，一般要求系统的喷洒均匀系数（C_U）为：70%～80%。

水滴打击强度要根据当地作物和土壤性质，确定适宜的水滴直径。

2. 补灌时间

根据天气进行补灌：根据当地的天气变化和降水量，决定是否补灌。天气干旱，气温高，蒸发量大，播种前发生春旱就要及时灌水。

根据耕地状况进行补灌：根据土壤墒情、土质和地形地势，在土壤含水量低于田间持水量的60%时要进行补灌。

根据作物长势进行补灌：当作物出现旱象（萎蔫）时及时进行补灌水。喷灌时要控制喷灌强度小于入渗速度，以地表不产生径流、不破坏土壤结构、地表不板结为宜。灌水量以达到湿土层为准。

3. 补灌次数

根据作物生长发育需水规律进行补水喷灌。

大豆一般应灌三次关键水：分枝至开花期、开花至结荚期和结荚至鼓粒期进行补灌。

玉米一般补灌三次关键水：苗期至大喇叭口期、大喇叭口至抽穗期和抽穗至灌浆期。

4. 补灌定额

根据阿荣旗多年平均年降水量和大豆、玉米全生育期需水量以及本节内容里的式（2-1），大豆和玉米补灌定额设为 $1200\sim1500m^3/hm^2$，根据本节相关内容要求，确定补灌时间和补灌次数。

大豆分枝至开花期 $375m^3/hm^2$、开花至结荚期补灌水量 $450\sim600m^3/hm^2$、结荚至鼓粒期 $375\sim525m^3/hm^2$。

玉米苗期至大喇叭口期补灌水量 $400m^3/hm^2$ 左右、大喇叭口至抽穗期补灌水量 $550m^3/hm^2$ 左右、抽穗至灌浆期补灌水量 $400m^3/hm^2$ 左右。

（五）注意事项

一是注意灌溉水源井的合理布置，根据地下水资源量打井、选泵、定机，使用的机泵、管带、喷头扬程和控制面积达到较理想的组合配套。

二是管道要选择能承受设计要求的工作压力，能通过设计要求的流量，而不造成过大的水头损失，经济耐用，耐腐蚀，便于运输和施工安装。还要求轻便耐撞击、耐磨和经受风吹日晒。

三是当月降水量大于常年平均值时，按增加降水量和土壤相对含水量的实际情况，相应减少补灌定额和次数；当降水量减少时，补灌定额和次数不变。保水力强的黏土、地下水高的低洼地适当减少灌溉定额。

第六节 发展建设思路

一是从阿荣旗农业发展长期战略角度来看，粮食生产能力的提高比单纯提高粮食产量更为重要。阿荣旗中低产田面积比重大，农业生产能力的提高空间大。对干旱灌溉型、渍潜稻田型、坡地梯改型、渍涝排水型、障碍层次型、瘠薄培肥型、酸化耕地型等该地区中低产田的每个障碍类型，进行相应的改良措施，逐步向高产田转变。

二是要提高复种指数、推广重大技术措施、扩大技术覆盖面积。并通过整合研发资源和促进"产学研"相结合，加快完善现代农业技术创新体系，加强旱作农业主要环节的自主创新能力建设，利用科技挖掘农业增产增收潜力。

三是重点扶持，强力推进农业生产合作社，不断扩大覆盖范围，促进农业规模化、机械化、标准化和产业化发展。

四是水资源开发利用和节水灌溉的潜力大。阿荣旗水资源较丰富、水质好，地下水埋藏较浅。通过农田水利工程建设将这些需改造和待开发的农田建设成为标准化节水补灌农田，产量将进一步增加。

五是加大科技投入，单产水平可大幅提高。近年来农业科技对该旗的粮食增产发挥着愈来愈大的作用。如玉米杂交种的不断更新和普遍推广，对玉米的增产作用可占到30%～40%；地膜覆盖技术、深耕深松、秸秆还田、膜下滴灌、节水喷灌等先进增产技术的广泛应用，生物技术和信息技术等高效技术的应用和先进适用技术的集成使大田作物的增产潜力巨大。

第三章

燕山北麓区旱作农业技术

第一节 区域概况

一、区域划分

本区位于赤峰市、通辽市南部,地理位置介于北纬41°18′～43°18′,东经117°45′～121°55′,包括科尔沁左翼后旗、奈曼旗、库伦旗、翁牛特旗、敖汉旗、喀喇沁旗、宁城县、松山区、红山区和元宝山区,总土地面积2.79万km^2,4189多万亩。

二、气候土壤

(一)气候

燕山北部丘陵区属于暖温带大陆性季风气候海拔1000m以下的丘陵、平原地域,区内因地形复杂,起伏较大,水热分布很不一致,大体上热量是由东南向西北递减,东南部的库伦旗、奈曼旗、敖汉旗东南部、宁城县南部等地年平均气温6.5～7℃,1月平均气温-12℃左右,7月平均气温22～23℃,全年≥10℃积温3100～3200℃,无霜期≥2℃为140～150d;而宁城县、松山区、喀喇沁旗东部、敖汉旗、奈曼旗大部,年平均气温6℃左右,1月平均气温-12～-11℃,7月平均气温22～23℃,全年≥10℃积温3000～3100℃,无霜期≥2℃为130～140d;松山区、宁城县、喀喇沁旗、翁牛特旗等旗县的西部山区,年平均气温仅2～4℃,全年≥10℃的积温仅2400～2600℃,无霜期≥2℃为100～130d;燕山北麓丘陵区整体年平均气温6～7℃,1月平均气温-13～-11℃,7月平均气温21～24℃,全年≥10℃的积温2600～3200℃,无霜期≥2℃为

130~150d。

全年日照时数2900~3000h，宁城县、喀喇沁旗西部山区全年日照时数为2600h。日照百分率在65%~70%。年辐射总量约为140kcal/cm^2。

大部分地区年降水量为350~450mm，其分布趋势是由南向北逐渐减少，南部天义、库伦一带达450mm左右，而其他大部分地区在350~450mm，宁城县、喀喇沁旗、翁牛特旗西部山区因受山林影响降水稍多。

大部分地区年平均风速为3~4m/s，但大风日数频率高，宁城县、赤峰市、喀喇沁旗大于八级以上大风日数，全年平均为50~60d，库伦旗、敖汉旗、松山区西部为30~40d，其余各地也在20~30d，冬春季大风使土壤水分散失，春旱严重，因春旱风蚀常造成改种、毁种。

大部分地区年蒸发量为1800~2200mm，东部敖汉旗达2400~2600mm，而宁城县、喀喇沁旗、松山区、翁牛特旗西部山区，因受山林影响，蒸发量低于1800mm。

总体来看，本区热量充足、日照丰富、降水中等，但由于受地形影响，热量分布和无霜期长短各地差别很大。

（二）土壤

占据本区大部的黄土丘陵，其土壤主要为褐土、黑垆土和黑垆土型黄土，前两者为地带性土壤，后者为土壤侵蚀的产物。褐土分布于宁城县和敖汉旗四家子以南地区，面积很小，仅残存于平坦的河流阶地及部分丘陵上。黑垆土分布于松山区、敖汉旗、库伦旗和翁牛特旗一带黄土丘陵的高阶地和丘陵平坦处，丘陵上的黑垆土仅仅是侵蚀残留剖面，所占面积很小，分布在河谷阶地上的黑垆土是本区的主要耕地，土壤肥力较高，有机质含量达1%以上，加上灌溉条件优越，是当地的基本农田。由于强烈侵蚀的结果，原生的土壤褐土和黑垆土大部分被侵蚀殆尽，所以黄土丘陵上真正分布的是栗褐土。土壤质地以粗粉沙和细沙为主，由南向北质地变粗，北部多为沙壤土，南部为轻壤土或中壤土。

三、农业生产概况

本区现有耕地960万亩，每个农业人口平均占有耕地4.44亩，每个农业劳动力平均负担耕地13.65亩。粮食亩产100kg，耕地中1/3是平川、谷地，土壤比较肥沃，水利条件较好，是本区重要的农地，亩产150kg；2/3以上是坡耕地，水土流失严重，土质瘠薄，亩产仅50kg左右。

本区的种植业以旱作杂粮为主，在910万亩的总播种面积中粮食作物占18%，经济作物占7.8%，此外，荞麦、糜子、薯类、小麦、水稻、莜麦等均有种植。谷子耐旱、耐瘠，主要分布在丘陵坡地，玉米喜水肥，多种植在平川地上，高粱在平川和坡地均有种植，小麦只限于灌溉条件较好的地区零星种植。随着水利事业的发展，玉米面积逐年扩大。水稻、小麦因受水利条件限制播种面积很小，各种粮食作物中，单位面积产量以玉米、水稻、薯类为最高，高粱、谷子次之，小麦及其他杂粮更低。经济作物以油料、甜菜为主。

燕山北麓旱作农业区地处半干旱、干旱地区，故而近年来该地区坚持"以旱作定产业、以旱作定结构、以旱作定布局"的原则，调整种植结构，构建旱作农业农作物生产体系。把发展高效旱作农业与发展特色优势产业相结合，与产业结构调整相结合，坚持标准化生产、区域化布局、集中连片推进。进一步发挥旱作农艺潜力，改革种植制度，建立与水资源条件相适应的农业种植结构和旱作节水农业制度，扩大低耗水作物种植面积，变对抗性种植为适应性种植。积极推进园艺产业和高效经济作物发展，马铃薯、玉米、向日葵等作物种植规模较大，最大限度地减少水资源浪费，提高旱作效益。

根据 2011—2015 年《内蒙古自治区统计年鉴》，2011 年燕山北麓区全年完成农业增加值 39.6 亿元，同比 2010 年增长 5.3%。粮食总产量达到 67.27 万 t，同比增长 2.7%。全年完成播种面积 168.96 万亩，经济作物 55.8 万亩，同比增加 2.5 万亩。粮经比由 2010 年的 64∶36 调整到 62∶38。

根据统计，近几年在内蒙古自治区政府对燕山北麓区下达的旱作农业项目的推进过程中，主要的旱作农业作物为玉米和马铃薯。2011—2015 年，燕山北麓区各个地区都全面进行了种植结构的调整，旱作农业经过多年的发展已经获得了巨大的成就。

总体来看，燕山北麓区近几年旱作农业的发展，通过采用耐水作物玉米和马铃薯，取得了不错的推广成果，特别是玉米的推广面积取得了非常显著的成绩，并且正在稳步增加。

四、旱作农业技术推广现状

近年来，由于各级领导重视，广大干部和农民建设旱作节水农业的积极性不断提高，依托国家项目和投资，在各级政府正确领导和大力支持下，燕山北麓区旱作节水农业建设取得了一定的成绩。中低产田改造面积不断增加，水利设施不断完善，显著改善了部分地区旱作农田的生产条件，在一定范围内提高了耕地的综合生产能力。尤其是 2009 年发生严重干旱后，燕山北麓区发展旱作农业力度不断加大，各种旱作农业技术通过试验、示范得以推广应用，适宜对路的旱作农业技术，对农业发展起到了极大推动作用，经济效益和社会效益十分显著，特别是全膜覆盖技术的推广应用，基本实现了燕山北麓区大部分旱作农田由低产田变成高产田。目前，应用燕山北麓区旱作农业技术主要有以下几项。

（一）秸秆还田技术

玉米秸秆还田后能疏松土壤，改善土壤团粒结构和理化性能，增加土壤的有机质含量，通气性能提高，储水量增加，能培肥地力，提高作物产量。有机质含量提高 0.4～10.4g/kg，土壤养分有效磷含量提高 0.1～16.9mg/kg，速效钾含量提高 1～88mg/kg，全氮含量提高 0.05～0.53g/kg。实施秸秆还田后，亩增产 16～99kg，增产率为 1.7%～11.66%，亩增收 35～218 元。实施秸秆还田可避免环境污染，消除火灾隐患，又增加了土壤有机质含量，培肥了地力，减少了化肥施用量，避免过量施用化肥造成的农田环境和生态环境的污染，使农业形成良性生态循环，促进农业可持续发展。

从 2010 年开始，实施耕地质量保护与有机质提升项目以来，随着技术培训力度的加大，广大农民群众逐渐认识秸秆还田的重要性，从传统的留茬还田到现在玉米秸秆直接粉碎还田，秸秆还田面积不断扩大，2012 年直接粉碎还田的面积达到了 10 万亩。目前随着机收面积的逐年增长，农民自觉意识的提高，直接粉碎秸秆还田面积从最初项目支持到现在农民自觉还田，还田面积每年在 5 万亩以上，主要是玉米秸秆。

（二）地膜覆盖及垄膜沟播集雨技术

喀喇沁旗从 20 世纪 80 年代开始推广地膜覆盖技术，开始主要在玉米、花生、西瓜和部分蔬菜上应用，以后推广面积逐年扩大，应用作物也逐年增加，到 2009 年，推广面积 21.09 万亩，覆盖作物 20 种以上，这时期地膜应用集中在喀喇沁西北部的无霜期短，有效积温低的乡镇，全是半膜覆盖，主要作物是玉米、马铃薯、各类蔬菜。2009 年，开始推广使用全膜覆盖技术，2011 年随着膜下滴灌技术的推广应用，全旗地膜覆盖面积不断扩大，2014 年覆膜面积已达到 32.5 万亩。粮食作物单产从 2005 年的 324kg 增加到 2014 年的 520kg，增产率为 60%。

（三）保护性耕作技术

保护性耕作主要包括四项技术内容：一是改革铧式犁翻耕土壤的传统耕作方式，实行免耕或少耕。免耕就是除播种之外不进行任何耕作。少耕包括深松与表土耕作，深松即疏松深层土壤，基本上不破坏土壤结构和地面植被，可提高天然降雨入渗率，增加土壤含水量。二是将 30% 以上的作物秸秆、残茬覆盖地表，在培肥地力的同时，用秸秆盖土，根茬固土，保护土壤，减少风蚀、水蚀和水分无效蒸发，提高天然降雨利用率。三是采用免耕播种，在有残茬覆盖的地表实现开沟、播种、施肥、施药、覆土镇压复式作业，简化工序，减少机械进地次数，降低成本。四是改翻耕控制杂草为喷洒除草剂或机械表土作业控制杂草。喀喇沁旗主要采取喷洒除草剂控制杂草和大面积粮食作物秋季收获后不耕翻留高茬或整秆留田技术。其中喷洒除草剂控制杂草面积已达到 64.1 万亩，占全旗耕地面积的 77.5%；留高茬或整秆留田技术目前应用面积有近 30 万亩，占全旗耕地的 40% 左右。

（四）化学保墒技术

化学保墒是采用化学物质如保水剂、黄腐酸盐等对土壤和植株进行喷洒、种子包衣、根部涂层等，增强土壤持水和防止地面蒸发，或抑制植物叶片气孔的张开度，降低蒸腾作用。达到节水保墒增产的目的。保水剂通常是高分子无毒无污染的有机化合物，具有保水吸收性能。土壤持水量充足时，保水剂吸水膨胀保持水分，当土壤持水量不足，释放水分供作物需要。施用保水剂，可明显提高耕地土壤保墒、作物抗旱能力，作物一般耐旱15～25d，且促进生长发育，提高产量和效益。目前喀喇沁旗应用最多的是种子包衣，由前10年只有部分玉米杂交种子包衣，发展到现在，已实现大宗粮食作物全部种子包衣，技术覆盖率达到了100%。

（五）水肥一体化技术

水肥一体化是借助压力灌溉系统，将可溶性固体肥料或液体肥料配兑而成的肥液与灌溉水一起，均匀、准确地输送到作物根部土壤。采用水肥一体化技术，可按照作物生长需求，进行全生育期需求设计，把水分和养分定量、定时，按比例直接提供给作物。喀喇沁旗水肥一体化技术2012年以前，只有在设施蔬菜大棚中应用，随着近几年膜下滴灌面积的不断扩大，大田粮食作物技术应用面积逐年增加，2015年水肥一体化示范区5000亩，平均产量为1049.9kg，相比膜下滴灌对照田的平均亩产739.4kg，平均亩增产310.5kg，增产率为41.99%，平均亩增收558.9元（按1.8元/kg计算）。

（六）农艺节水技术

抗旱育苗技术，对经济作物烤烟、蔬菜和果树等采用营养块、营养袋、营养坨（球）和普通苗床集中育苗，除了可以保证全苗壮苗和缩短田间间套种与其他作物的共生期外，最大的优点在于集中管理，利于抗旱。特别是营养块、营养袋、营养坨（球）育苗，在配制营养土时除了加入占总量一半的腐熟、细碎的圈肥和适量的化肥外，还加一定比例的清粪水（或水），水分含量充足，能保证种子出苗，移栽大田后，还可以抗旱5～7d。

合理间套轮作，增加植被覆盖，减少土壤侵蚀。合理安排种植制度，增加作物覆盖度，减少雨水对土壤表面的直接冲刷，提高地表径流的入渗率，增加耕层土壤含水量，增强抗旱力。同时，根据水资源情况，选用耗水少、耐旱的作物品种，合理安排各种作物的种植面积。

深耕深翻增强土壤保墒力，通过深耕深翻，疏松土壤，改变土壤结构和毛细管的分布，改善耕层土壤空隙度、通透性，减缓深层土壤水的损失，保住土中水分，利用良好的土体结构发挥土壤水库强大蓄水作用。

根据统计，截至2015年，燕山北麓区的秸秆还田总面积达到了115374亩，地膜覆盖面积累计达到了 2977458 亩,垄膜沟播集雨的种植面积累计达到 416619 亩,保护性耕作的种植面积累计达到了 185747 亩。化学保墒的种植面积累计达到了 123465 亩。水肥一体化的种植面积累计达到了 123456 亩。农艺节水技术的种植面积累计达到了 123456 亩。

实施旱作农业节水技术推广项目以来,燕山北麓区坚持打好行政、技术、政策"组合拳",通过加强组织领导,强化部门协作,严格水权管理,全面落实政策,整合农业项目,强化技术指导,建立示范点片,集成配套技术等措施,旱作农业节水技术的推广取得了突破性进展,2011—2015 年,燕山北麓区旱作农业项目任务面积共计 1234 万亩,全区累计完成 1234 万亩,完成率 116.4%。2011—2015 年全区累计增产 28.6 万 t,节水 3.1 亿 m^3。截至 2015 年,燕山北麓区累计推广高效农田节水技术面积 548 万亩,实现粮食增产 36.3 万 t,节约水量为 3.9 亿 m^3,其中核心区 2011—2015 年累计推广面积 301.38 万亩,占总量的 55%,增产 20 万 t,占总增产量的 55.1%,节水累计 2.2 亿 m^3,占总节水量的 56.4%。

燕山北麓区对于旱作农业的推广,主要是采取了政府补贴的方式,政府在财政上给予旱作农业的推广以极大的支持,因此,在旱作农业节水技术的初期建设过程中,农民的投入相对较少,而经过几年的推广,该地区的农民收入已获得巨大的增长。

经过多年的建设,燕山北麓区已经形成了以工程节水、农艺节水、管理节水相结合,喷灌、管灌技术为主的工程节水技术;同时形成了以垄膜沟植、膜下滴灌为主的高效农艺节水技术。垄膜沟植技术主要用在玉米、马铃薯等作物种植上;膜下滴灌技术主要在葡萄、红枣、枸杞、制种玉米、瓜菜作物种植上应用。同时,大力推广应用秋覆膜,积极示范推广一膜两用、干播湿出等技术。目前,燕山北麓区的旱作农业种植技术已经逐渐趋于完善。

五、主要制约因素和存在问题

(一)农业投入严重不足

现有的资金、技术、人才等要素严重不足,农业基础设施老化,标准低,不配套,特别是农业服务体系还不适应现代农业发展需要。

(二)旱作农田面积大,水资源较为缺乏

燕山北麓水资源较为匮乏,以旱作农业为主,旱地面积占总耕地面积 60% 以上,为典型的"雨养农业"。由于农田水利设施不配套,水资源利用率低,干旱仍然是制约农业发展的主要因素。据多年气象资料统计,旱灾基本上是 2 年出现 1 次,特别是近 10 年,由过去的间歇性春旱发展为连年春旱,由春季季节性干旱发展为持续干旱,个别年份全年大旱,地下水位逐年下降,仅 2009 年地下水位平均下降了 1.52m,导致农作物大面积减

产,甚至绝产。

(三)农田水土流失严重,旱作产量低而不稳

燕山北麓地形地貌多数为丘陵地带,多数耕地分布在坡地上,降水多集中在7—8月,加之过度开垦、顺坡种植等人为因素,耕地的水土流失十分严重。水土流失侵蚀掉表层肥沃的细土,带走大量的养分,使耕作层变浅,地表砾石增加,耕地养分下降。

(四)掠夺式经营,营养失调

山地丘陵坡地,由于垦殖不当,乱砍滥伐,植被遭到破坏,造成表土流失,养分损失,结构变坏,耕性不良,使土壤变得贫瘠。有机肥、秸秆还田、种植绿肥、合理轮作等培肥措施跟不上,耕地养分入不敷出,造成土壤肥力衰退。

第二节 主要技术模式

一、常规地膜覆盖栽培模式(半膜覆盖)

(一)增产机理

该栽培模式是以塑料地膜覆盖垄面,通过减少蒸腾从而达到抗旱节水的目的。该种栽培模式不仅保水保墒效果好,而且在提高温度、改善光照条件、防止肥土流失、抑制盐碱害和减轻病虫草害等方面也有显著效果,是目前该地区普遍应用的稳产增产技术。

(二)操作要点

1. 整地起垄

为提高栽培质量,一般采取等行距或宽窄行(即宽行80cm、窄行40m交替)种植。盖膜前要把地面的前茬、残留根茬、秸秆、石块等杂物清除干净,打碎土坷垃,以免顶起或划破地膜。

2. 播种覆膜

覆膜时间一般为早春(4月10—20日),比常年裸地正常播期提前7~10d。覆膜时要注意,行要开直,实行先播种后盖膜,机械化单粒点播,随种随盖,覆膜前全田使用除草剂。盖膜时要做到严、紧、平、匀,膜的四周各开一条浅沟,用土将地膜压紧、压严,以防大风揭掉地膜。

二、垄膜沟植技术

（一）增产机理

该栽培模式是用塑料地膜将地面进行全覆盖，在垄沟处打孔集雨入渗。在年降水量低于 500mm 地区，应用全膜覆盖技术，由于田间无裸露地块，因此可有效减少土壤水分的无效蒸发，减轻风蚀和水蚀，保墒效果极为显著。

此外，还可将春季 10mm 以下的降水，通过地膜集流到作物苗眼并渗入到播种沟内，从而大大提高了天然降水的利用率。因此，该技术可有效地解决一次播种保全苗问题，并缓解因旱减产程度，特别在严重干旱地区，该项技术的增产效果更加显著，2009—2011 年，连续 3 年在义县实施了玉米全膜覆盖试验，在遭遇严重干旱之年，表现出了良好的增产效果，玉米早春顶凌覆膜平均单产 815.3kg/亩，比裸地（655.2kg/亩）平均亩增产 160.1kg，增幅 24.4%。

（二）操作要点

1. 起垄覆膜

该地区一般于 3 月下旬耕作层解冻后（顶凌）起大小垄，大垄宽 60～70cm、垄高 10cm，小垄宽 40cm、垄高 15cm。大小垄中间为播种沟，每个播种沟对应一大一小两个集雨垄面。选用厚度 0.008mm、幅宽 120cm 的地膜全地面覆盖，膜与膜间不留空隙，两幅膜相接处在大垄中间垄脊处，并覆土压实压严，覆膜时地膜要与垄面、垄沟贴紧，两边地膜拉直压实，隔 2～3m 压一道横向的土带，起垄后覆膜前全田使用除草剂。

2. 垄沟集雨

覆膜后 1 周左右，当地膜与地面贴紧时，于垄沟每隔 50cm 打一直径 3mm 的渗水孔，集雨入渗地下，增加土壤墒情。

3. 适时播种

4 月中上旬当气温稳定通过 10℃用玉米点播器按规定的株距（密度）在垄沟内破膜穴播，深 3～5cm，每穴 2 粒种子，并用细土封严播种孔。

三、膜下滴灌栽培技术

（一）增产机理

膜下滴灌节水栽培技术是结合了以色列滴灌技术和国内覆膜技术优点的新型节水技

术，在膜下铺设滴灌带，通过可控管道系统供水，将加压的水和水溶性肥料充分融合，形成水肥溶液，由灌溉带上的滴头均匀、定时、定量浸润作物根，供应作物所需水分。该技术与传统种植技术相比，不仅具有"四省"（即省水、省肥、省农药、省人工）的优点，而且还可以提高灌溉均匀度，提高水分利用率和肥料利用率，从而增加作物产量，改善作物品质。膜下滴灌栽培模式可实现提前播种，延长作物生长期，对生长期短的作物实现一年二季生长；也可利用膜下滴灌设备全程实施精准施肥；还可在伏旱和秋吊期间对作物进行补充灌溉，最大限度克服因干旱缺水对作物产量的影响。因此，该技术是干旱地区农业生产的一次革命，对于改善燕山北麓区农业生产条件、提高科技种田水平具有重大意义。

（二）操作要点

1. 整地起垄

选择地势平坦（地表坡度≤15°）地块，整平耙细，结合机械整地科学施肥。一般采用大垄双行模式，垄底宽110cm，垄顶宽70cm，垄高15～20cm，垄上种植两行，行距40cm。

2. 播种覆膜

种子要经过精选（芽率在95%以上），并进行包衣。采用气吸式播种机，精量播种，选用密植品种，亩保苗3800～4500株为宜。使用110cm、宽0.008mm厚规格地膜按照常规覆膜方式进行覆盖，在垄上两行玉米之间铺设滴灌带。

以上两种旱作节水栽培模式，可根据地区气候特点和栽培习惯灵活应用，如春季降雨极少，机械化应用水平高的平原地区可选择膜下滴灌和全膜覆盖的栽培模式；机械化水平较差的地区则可选择常规覆膜的栽培模式。

四、测土配方施肥技术

（一）技术概况

在当前作物产量水平较高和化肥用量日趋增多的情况下，确定经济最佳施肥量尤其特别重要。与20世纪60—70年代相比，近几年来化肥的增产效果明显下降。造成化肥肥效降低的原因虽是多方面的，但盲目施肥、施肥量偏高或养分比例失调仍是一个主要原因。因此，如何经济合理施肥，提高肥料的经济效益，已成为当前农业生产中迫切需要解决的问题。运用科学方法确定经济施肥量是当前施肥技术的中心问题，也是配方施肥决策的一项重要内容。如果施肥量确定不合理，其他施肥技术则难以发挥作用，浪费肥料或减产将是不可避免的。

（二）地力分区（级）配方法

地力分区（级）配方法的做法是，按土壤肥力高低分为若干等级，将肥力均等的田片作为一个配方区，利用区域的大量土壤养分测试结果和已经取得的田间试验成果，结合群众的实践经验，估算出这一配方区内比较适宜的肥料种类及其施用量。

地力分区（级）配方法的优点是具有针对性强，提出的用量和措施接近当地经验，群众易于接受，推广的阻力比较小。但其缺点是，具有地区局限性，依赖于经验较多，只适用于生产水平差异小、基础较差的地区。在推行过程中，必须结合试验示范，逐步扩大科学测试手段和指导的比重。

（三）目标产量配方法

目标产量配方法是根据作物产量的构成，由土壤和肥料两个方面供给养分的原理来计算施肥量。目标产量确定以后，计算作物需要吸收多少养分来决定施肥用量。目前通用的有养分平衡法和地力差减法两种方法。

1. 养分平衡法

（1）基本原理。养分平衡法是目前国际上应用较广的一种估算施肥量的方法。其原理是：在施肥条件下农作物吸收的养分来自土壤和肥料，农作物总需肥量与土壤供肥量之差即是实现计划产量的施肥量。其计算公式如下：

土壤施肥量 =（目标产量所需养分量 − 土壤养分供应量）/（肥料中有效养分含量 × 肥料当季利用率）

或 =（目标产量 × 单位产量的养分吸收量 − 土壤养分供应量）/（肥料中有效养分含量 × 肥料当季利用率）

（2）参数的确定。

①目标产量。即计划产量，是决定肥料需要量的原始依据。土壤肥力是决定作物产量高低的基础，所以目标产量应根据土壤肥力来确定。通常以空白田产量（或无肥区产量）作为土壤肥力的指标，但在推广配方施肥时，常常不能预先获得空白田产量，为此，可采用当地前三年作物的平均产量为基础，增加10%～15%的增产量作为目标产量较为切合实际。如果提出无法实现的目标产量，那就失去了应用这一方法的实际意义。

②单位产量的养分吸收量。它是指每生产一个单位（如每百千克）经济产量时，作物地上部养分吸收总量。计算公式如下。

单位产量养分吸收量 = 作物地上部分吸收总量 / 作物经济产量 × 应用单位

作物地上部养分吸收总量可分别测定茎、叶、籽实的重量及其养分含量，分别计算，累加获得。由于作物对养分具有选择吸收的特性，同时作物组织的化学结构也比较稳定，所以作物单位产量养分吸收量在一定范围内变化，常常可以看作是一个常数。在生产实践中可以应用现成的科研成果，一般在科技文献中可以查到，或者采样分析植株和产品的养分含量，从而算出单位产量养分吸收量。主要作物地上部分氮、磷、钾养分含量见表 3-1，部分作物的单位产量养分吸收量列于表 3-2。

表 3-1 主要作物地上部分氮、磷、钾养分含量　　　　　　　　　　　单位：%

作物	收获部分			茎、叶		
	氮（N）	磷（P_2O_5）	钾（K_2O）	氮（N）	磷（P_2O_5）	钾（K_2O）
玉米	1.465	0.726	0.634	0.748	0.943	1.519
小麦	2.160	0.847	0.510	0.565	0.153	1.536
棉花	3.920	1.438	1.105	1.167	0.561	2.077
油菜	3.966	1.555	1.483	0.782	0.341	1.807
大豆	6.272	1.456	2.056	1.289	0.396	1.544
豌豆	4.377	0.939	1.320	1.400	0.350	0.498
大麦	2.016	0.657	1.006	0.479	0.236	1.319
高粱	1.326	0.882	0.476	0.436	0.389	1.447
谷子	1.456	0.611	0.710	0.595	0.156	2.062
荞麦	1.100	0.412	0.276	0.850	0.710	2.172
蚕豆	3.959	1.223	1.320	4.160	0.229	1.322
红豆	5.85	3.321	3.000	1.195	1.855	0.594
马铃薯	1.167	0.414	1.511	0.987	0.197	0.802
烤烟	2.634	0.421	2.219	1.626	0.655	3.257

表 3-2 不同作物形成百千克经济产量所需要的养分数量　　　　　　　单位：%

作物	收获物	氮（N）	磷（P_2O_5）	钾（K_2O）
春小麦	籽粒	3.00	1.00	2.50
大麦	籽粒	2.70	0.90	2.20
荞麦	籽粒	3.30	1.60	4.30
玉米	籽粒	3.57	0.86	2.14
谷子	籽粒	2.50	1.25	1.75
高粱	籽粒	2.60	1.30	3.00
马铃薯	块根	0.50	0.20	1.06
大豆	豆粒	7.20	1.80	4.00
棉花	籽棉	5.00	1.80	4.00
油菜	菜籽	5.80	2.50	4.30
烟草	鲜叶	4.10	1.00	6.00
大麻	纤维	8.00	2.30	5.00
甜菜	块根	0.40	0.15	0.60
黄瓜	果实	0.40	0.35	0.55

续表

作物	收获物	氮（N）	磷（P$_2$O$_5$）	钾（K$_2$O）
茄子	果实	0.30	0.10	0.40
番茄	果实	0.45	0.50	0.50
胡萝卜	块根	0.31	0.10	0.50
萝卜	块根	0.60	0.31	0.50
甘蓝	叶球	0.41	0.05	0.38
洋葱	葱头	0.27	0.12	0.23
芹菜	全株	0.16	0.08	0.42
菠菜	全株	0.36	0.18	0.52
大葱	全株	0.30	0.12	0.40
苹果	果实	0.30	3.00	0.32
梨	果实	0.47	0.55	0.48
葡萄	果实	0.60	4.00	0.72
桃	果实	0.48	3.80	0.76

③土壤供应养分量。确定土壤供应养分量一般有以下几种方法。

无肥区产量法：用无肥区或不施该养分的小区的作物产量所吸收的养分量作为土壤养分供应量。即在地块上设置不施肥区（CK）、施氮磷不施钾区（NP）、施氮钾不施磷区（NK）、施磷钾不施氮区（PK）和氮磷钾全施区（NPK）5 个处理，用不施肥区的产量计算土壤氮、磷、钾等养分供应量，公式表达为：

$$土壤养分供应量 = CK 区作物产量 \times 单位产量养分吸收量$$

此法一方面既直观又实用，但另一方面，空白田产量常受最小养分的制约，产量水平很低。因此，在肥力较低的土壤上，用它估计出来的施肥量往往容易偏高。而在肥力较高的土壤上，由于作物对土壤养分的依赖率较大（即作物一生中吸自土壤的养分比例较大），据此估算出来的获得一定产量的施肥量往往偏低，这时可能出现削弱地力的情况而不易及时察觉，对此应给予注意。

为使土壤供应养分量能够接近实际，在有试验条件的情况下，应用缺素区产量来表示土壤供应养分量。因为缺素区产量是在保证除缺乏元素外其他主要养分正常供应的条件下获得的，所以产量水平比空白田产量要高。因此，用缺素区产量表示土壤供应养分量，并以此估算的施肥量也比较合理。

一般来说，在贫瘠的田块上，土壤养分测定值很低，校正系数取 >1 的数值；反之，在肥沃的土壤上，土壤养分测定值很高，校正系数往往取 <1 的数值为好。

2. 地力差减法

地力差减法是根据目标产量和土壤生产的产量差值与肥料生产的产量相等的关系来计算肥料的需要量，进行配方施肥的方法。所谓地力就是土壤肥力，在这里用产量作为指标。作物的目标产量等于土壤生产的产量加上肥料生产的产量。土壤生产的产量是指作物在不施任何肥料的情况下所得到的产量,即空白田产量,它所吸收的养分全部采自土壤,从目标产量中减去空白田产量,就是施肥后所增加的产量。肥料的需要量可按下列公式计算。

施肥量=[作物单位产量养分吸收量×(目标产量-空白田产量)]/(肥料中有效养分含量×肥料当季利用率)

地力差减法的优点是不需要进行土壤测试,避免了养分平衡法每季都要测定土壤养分的麻烦,计算也比较简便。但前面已经提到,空白田产量是决定产量诸因子的综合结果,它不能反映土壤中若干营养元素的丰缺状况和哪一种养分是限制因子,只能根据作物吸收量来计算需要量。一方面,不可能预先知道按产量计算出来的用肥量,其中某些元素是否满足或已造成浪费;另一方面,空白田产量占目标产量中的比重,即产量对土壤的依赖率,是随着土壤肥力的提高而增加的,土壤肥力越高时,得到的空白田产量也越高,而施肥增加的产量就越低,以这个产量计算出来的施肥水平也就越低。因此,作物产量越高,通过施肥归还到土壤中的养分越少,特别是氮肥用量不足最容易出现地力亏损而使土壤肥力下降,而在生产实践的短期内往往不被察觉,应引起注意。

3. 养分丰缺指标法

(1)基本原理。利用土壤养分测定值与作物吸收养分之间存在的相关性,对不同作物通过田间试验,把土壤养分测定值以作物相对产量的高低分等级,制成土壤养分丰缺指标及相应施肥量的检索表。当取得某一土壤的养分值后,就可以对照检索表了解土壤中该养分的丰缺情况和施肥量的大致范围。

(2)指标的确定。养分丰缺指标是土壤养分测定值与作物产量之间相关性的一种表达形式。确定土壤中某一养分含量的丰缺指标时,应先测定土壤速效养分,然后在不同肥力水平的土壤上进行多点试验,取得全肥区和缺素区的相对产量,用相对产量的高低来表达养分丰缺状况。

例如,确定氮、磷、钾的丰缺指标时,可安排NPK、PK、NK、NP四个处理。除施肥不同外,其他栽培管理措施与大田相同。确定磷的丰缺指标时,则用缺磷(NK)区的作物产量占全肥(NPK)区的作物产量的份额表示磷的相对产量,其余类推。

在多点试验中,取得一系列不同含磷水平土壤的相对产量后,以相对产量为纵坐标,以土壤养分测定值为横坐标,制成相关曲线图。

在取得各试验土壤养分测定值和相对产量的数据后,以土壤速效养分测定值为横坐标(x),以相对产量为纵坐标(y)作图以表达两者的相关性(一般拟合 $y=a+b\lg x$ 或 $y=x/b+ax$ 方程)。为使回归方程达显著以上水平,需在30个以上不同土壤肥力水平(即不同土壤养分测得值)的地块上安排试验,且高、中、低的土壤肥力尽量分布均匀,其他栽管措施应一致。

不同的作物有各自的丰缺指标,在配方施肥中,最好能通过试验找出当地作物丰缺指标参数，这样指导施肥才科学有效。

由于制订养分丰缺指标的试验设计只用了一个水平的施肥量，因此，此法基本上还是定性的。在丰缺指标确定后，尚需在施用这种肥料有效果的地区内，布置多水平的肥料田间试验，从而进一步确定在不同土壤测定值条件下的肥料适宜用量。

五、垄膜沟植技术

（一）选地整地

1. 选地

选择地势平坦、土层深厚、土质疏松、肥力中上，土壤理化性状良好、保水保肥能力强、坡度在15°以下的地块，不宜选择陡坡地、石砾地、重盐碱等地块。

2. 整地

在伏秋前茬作物收获后及时深耕灭茬，耕深达到25～30cm，耕后及时耙糖；秋季整地质量好的地块，春季尽量不耕翻，直接起垄覆膜，秋季整地质量差的地块，覆膜前要浅耕，平整地表，有条件的地区可采用旋耕机旋耕，做到地面平整、无根茬、无坷垃，为覆膜、播种创造良好的土壤条件。

（二）施肥

垄膜沟植技术应加大肥料施用量。一般亩施优质腐熟农家肥3000～5000kg，耕翻前均匀撒在地表。施尿素20～25kg/亩，过磷酸钙50～70kg/亩，硫酸钾15～20kg/亩，硫酸锌1～2kg/亩或施玉米专用肥（有效成分含量51%）80kg/亩，划行后将化肥混合均匀撒在小垄的垄带内。

（三）划行起垄

1. 划行

每幅垄分为大小两垄，垄幅宽110cm。用木材或钢筋制作的划行器（大行齿距70cm、小行齿距40cm），一次划完一幅垄，划行时，首先距地边35cm处划一边线，然后沿边线按照一小垄一大垄的顺序划完全田。

2. 起垄

大垄宽70cm、高10cm，小垄宽40cm、高15cm。

3. 使用起垄机沿小垄划线开沟起垄

最好用专用机械起垄覆膜连续作业，防止土壤水分散失。也可用步犁开沟起垄，沿小垄划线来回向中间翻耕起小垄，将起垄时的犁臂落土用手耙刮至大垄中间形成垄面，用整形器整理垄面，使垄面隆起，防止形成凹陷不利于集雨。

（四）土壤消毒

地下害虫为害严重的地块，起垄前每亩用 40% 辛硫磷乳油 0.5kg 加细沙土 30kg，拌成毒土撒施，或兑水 50kg 喷施。杂草危害严重的地块，用 50% 乙草胺乳油 100g 兑水 50kg 全地面喷施，随后随起垄覆膜。

（五）地膜覆盖

1. 覆膜时间

（1）秋季覆膜。前茬作物收获后，及时深耕耙地，在 10 月中下旬起垄覆膜。此时覆膜能够有效阻止秋冬春三季水分的蒸发，最大限度地保蓄土壤水分，但是地膜在田间保留时间长，要加强冬季管理，秸秆富余的地区可用秸秆覆盖护膜。

（2）顶凌覆膜。早春 3 月中下旬土壤消冻 15cm 时，起垄覆膜。此时覆膜可有效阻止春季水分的蒸发，提高地温，保墒增温效果好。

2. 覆膜方法

选用厚度 0.008mm、宽 120cm 的地膜。沿边线开 5cm 深的沟，地膜展开后，靠边线的一边在浅沟内，用土压实；另一边在大垄中间，沿地膜每隔 1m 左右，用铁锹从膜边下取土原地固定，并每隔 2～3m 横压土腰带。覆完第一幅膜后，将第二幅膜的一边与第一幅膜在大垄中间相接，膜与膜不重叠，从下一大垄垄侧取土压实，依次类推铺完全田。覆膜时要将地膜拉展铺平，从垄面取土后，应随即整平。

3. 覆膜后管理

覆盖地膜后 1 周左右，地膜与地面贴紧时，在沟中间每隔 50cm 处打一直径 3mm 的渗水孔，使垄沟的集雨入渗或选用带打孔的覆膜机械。田间覆膜后，严禁牲畜入地践踏造成地膜破损。要经常沿垄沟逐行检查，一旦发现破损，及时用细土盖严，防止大风揭膜。

（六）种子准备

1. 选用良种

结合当地的自然条件（降水、积温）和气候特征（晚霜时间、小气候特点），选择株型紧凑、抗病性强、适应性广、品质优良、增产潜力大的杂交玉米品种，主要有四单 19、先玉 335、浚单 20、纪元 28 号、田丰 118、沈单 16 号、龙单 13 等。

2. 种子处理

使用包衣种子，对于少数未经包衣或包衣药剂针对性差，播前必须进行药剂拌种。用 50% 辛硫磷乳油按种子重量的 0.1%～0.2% 拌种防治地下害虫。用进口速保利拌种防丝黑穗病。

（七）适期播种

1. 播种时间

当气温稳定通过10℃时为玉米适宜播期，各地可结合当地气候特点确定播种时间，本区春播一般在4月中下旬播种。

2. 播种方法

用玉米点播器按规定的株距将种子破膜穴播在沟内，每穴下籽2～3粒或单粒播种，播深3～5cm，点播后随即踩压播种孔，使种子与土壤紧密结合，或用细沙土、牲畜圈粪等疏松物封严播种孔，防止播种孔散墒和遇雨板结影响出苗。

3. 合理密植

按照土壤肥力状况、降雨条件和品种特性确定种植密度。年降水量300～350mm的地区以3000～3500株/亩为宜，株距为35～40cm，年降水350～450mm的地区以3500～4000株/亩为宜，株距为30～35cm，年降水量450mm以上地区以4000～4500株/亩为宜，株距为27～30cm。肥力较高，墒情好的地块可适当加大种植密度到5000株/亩。也可采取一穴双株的种植模式。

（八）田间管理

1. 苗期管理

苗期管理的重点是在保证全苗的基础上，促进根系发育、培育壮苗，达到苗早、苗足、苗齐、苗壮的"四苗"要求。在春旱时期遇雨，覆土容易形成板结，导致幼苗出土困难，使出苗参差不齐或缺苗，所以在播后出苗时要破土引苗，不宜在沟内覆土。在苗期要随时到田间查看，发现缺苗断垄要及时移栽，在缺苗处补苗后，浇少量水，然后用细湿土封住孔眼。幼苗达到4～5片叶时，即可定苗，每穴留苗1～2株，除去病、弱、杂苗，保留生长整齐一致的壮苗。全膜玉米生长旺盛，常常产生大量分蘖（杈），消耗养分，定苗后至拔节期间，要勤查勤看，及时将分蘖彻底从基部掰掉，注意防止玉米顶腐病、白化苗及虫害。

2. 中期管理

中期管理的重点是促进叶面积增大，特别是中上部叶片（棒三叶），促进茎秆粗壮敦实。此期要注意防治玉米顶腐病、瘤黑粉病、玉米螟等病虫害。当玉米进入大喇叭口期，追施壮秆攻穗肥，一般每亩追施尿素15～20kg。追肥方法是用玉米点播器或追肥枪从两株中间打孔施肥，或将肥料溶解在150～200kg水中，用壶在两株间打孔浇灌50mL左右。玉米全膜双垄沟播后，水肥热量条件好，双穗率高，时常还出现第三穗，应尽早掰除第三穗，减少养分消耗。

3. 后期管理

后期管理的重点是防早衰、增粒重、防病虫害。要保护叶片，提高光合强度，延长光合时间，促进粒多、粒重，肥力高的地块一般不追肥以防贪青；若发现植株发黄等缺肥症状时，应及时追施增粒肥，一般以每亩追施尿素 5kg 为宜。当玉米苞叶变白、籽粒乳线消失、籽粒变硬有光泽完熟时收获，并及时回收残旧地膜。

六、深耕深松技术

（一）技术概况

深耕是土壤耕作的重要内容之一，是农业生产中经常运用的重要技术措施。深耕（确切说是深耕翻）就是利用机械的作用，加深耕层，疏松土壤，增加土壤的孔隙度，形成土壤水库，增强雨水渗入速度和数量避免产生地面径流，打破犁底层，熟化土壤，使耕层厚而疏松，结构良好，通气性强，土壤中水、肥、气、热相互协调，利于种子发芽，作物根系生度好，数量多；可以掩埋有机肥料，清除残茬杂草、消灭寄生在土壤中或残茬上的病虫害。

深松是疏松土层而不翻转土层，保持原来土层乱的一种土壤耕作方法。深松可以加深耕层，增强雨水入渗速度和数量；深松不翻转土层，使残茬、秸秆、杂草大部分覆盖于地表，既有利于保墒，减少风蚀，又可以吸纳更多的雨水，还可以延缓径流的产生，削弱径流强度，缓解地表径流对土壤的冲刷，减少水土流失，有效地保护土壤，深松不能翻埋肥料、杂草、秸秆，不利于减少病虫害。

（二）深耕技术要点

1. 实施要点

把握好土壤适耕性，土壤适耕性以土壤含水量表示，以土壤含水量 15%～20% 为宜；耕深一般大于 20mm；减少开闭垄，闭垄高度应小于 10mm，开垄宽度应小于 35mm，深度小于 10mm；实际耕幅与犁耕幅一致，避免漏耕，重耕；立垡、回垡率小于 3%；耕深稳定性，植被覆盖率、碎土率应符合设计标准。耕地质量应达到：深、平、透、直、齐、无、小七字要求。深：达到规定深度、深浅一致；平：地表平坦、犁底平稳；透：开墒无生埂，翻垡碎土好；直：开墒要直，耕幅一致，耕得整齐；齐：犁到头，耕到边，地头、地边整齐；无：无重耕、漏耕，无斜子、三角、无"桃"形；小：墒沟小、伏脊小。

2. 注意事项

深耕的时间应以当地雨季的来临相吻合，一般应在当地雨季开始之前进行，以便容易接纳雨水。耕深应掌握在适宜纬度，应随土壤特性、微生物活动、作物根系分布规律及养分状况来确定，一般的以打破犁底层为宜。耕翻过深会造成土壤自下而上的提墒能力减弱，影响种子发芽和幼苗生长；有机肥被埋压在深土层，肥效利用晚；生土被翻到地面上，对幼苗生长不利。做好作业前的准备工作；机具必须合理配套，正确安装，正式作业前必须进行试运转和试作业；耕层浅的土地，要逐年加深耕层；深耕的同时应配合施用有机肥，以利用培肥地力；休闲地在耕翻后应及时耙耱、镇压；一般2~3年深耕一次。

3. 适用机具

深耕翻一般使用铧式犁，常用的有：ILS-130型单铧犁、ILS-220悬挂二铧犁、IL-330悬挂中型三铧犁、ILQ-425轻型悬挂四铧犁等。

（三）深松技术要点

1. 实施要点

深松可分全面深松和局部深松。全面深松是用深松机在工作幅宽上全面松土地，局部深松是用杆齿、凿形铲进行间隔的局部松土。深松既可以作为秋后主要耕作措施，也可以用春播前的耕地、休闲地松土，草场更新等。具体形式有：全面深松、间隔深松、浅翻深松、灭茬深松、中耕深松、垄作深松、垄沟深松等。深松深度视耕作层的厚度而定，一般中耕深松深度为20~30cm，深松垄宽为30~40cm，垄作深松为25~30cm。

2. 注意事项

农用动力要与作业机具配套；保持耕层土壤适宜的松紧度和创造合理的耕层构造为目标，合理采用深松方式方法；三漏田不适宜深松。

3. 适用机具

深松机械有单独的深松机，也可以在铧式犁架上安装深松铲进行作业。松土方式有格压松土式和振动松土式。我国研制的深松有单柱式（包括凿式和铲式两种）如IS-735型深松机和倒梯形全方位式。如ISQ系列全方位深松机，新研制的ISY-210凿形带翼铲深松机。

七、保护性耕作技术

（一）技术概况

保护性耕作技术是对农田实行免耕、少耕，尽可能减少土壤耕作，并用作物秸秆、残茬覆盖地表，减少土壤风蚀、水蚀，提高土壤肥力和抗旱能力的一项先进农业耕作技术。目前主要应用于干旱、半干旱地区农作物生产及牧草的种植。

实施保护性耕作技术必须坚持因地制宜，注重经济效益、社会效益和生态效益相结合，坚持农机与农艺相结合，坚持试验示范与辐射推广相结合，积极引导保护性耕作技术的推广应用。保护性耕作主要包括四项技术内容：一是改革铧式犁翻耕土壤的传统耕作方式，实行免耕或少耕。免耕就是除播种之外不进行任何耕作。二是将30%以上的作物秸秆、残茬覆盖地表，在培肥地力的同时，用秸秆盖土，根茬固土，保护土壤，减少风蚀、水蚀和水分无效蒸发，提高天然降雨利用率。三是采用免耕播种，在有残茬覆盖的地表实现开沟、播种、施肥、施药、覆土镇压复式作业，简化工序，减少机械进地次数，降低成本。四是改翻耕控制杂草为喷洒除草剂或机械表土作业控制杂草。

燕山北麓区，冬季气温低，春季干旱风大，土地瘠薄，风蚀沙化严重。作物种植以一茬小杂粮、玉米为主。保护性耕作模式以防止土壤沙化、提高土地抗旱能力和肥力、抵御春旱为主要目标，技术措施以免耕、留茬覆盖、免耕播种为重点。对区域内退化草场，可进行深松改土、免耕补播，增加植被覆盖度。

（二）技术要点

1. 秸秆覆盖技术

（1）秸秆粉碎还田覆盖。

①玉米秸秆粉碎还田覆盖。适合玉米产量较高的地区，如秸秆量过大或地表不平时，粉碎还田后可以用圆盘耙进行表土作业；春季地温太低时，可采用浅松作业。还田方式可采用联合收割机自带粉碎装置和秸秆粉碎机作业两种。玉米秸秆粉碎还田机具作业要求以达到免耕播种作业要求为准。

②小麦秸秆粉碎还田覆盖。适合用联合收割机收获，土地又比较肥沃、疏松的地区。地表不平或杂草较多时可用浅松作业，秸秆太长时可用粉碎机或旋耕机浅旋作业。还田方式可采用联合收割机自带粉碎装置和秸秆粉碎机作业两种。小麦秸秆粉碎还田机具作业要求以达到免耕播种作业要求为准。

（2）整秆还田覆盖。

①玉米整秆还田覆盖。适合冬季风大的地区，人工收获玉米后对秸秆不做处理，秸秆直立在地里，以免秸秆被风吹走；播种时将秸秆按播种机行走方向撞倒，或用人工踩倒。

②小麦整秆还田覆盖。适合机械化水平低，用割晒机或人工收获的地区。麦秆运出脱粒、土地进行深松、再覆盖脱粒后的整秸秆。

（3）留茬覆盖。在风蚀严重及以防治风蚀为主，且农作物秸秆需要综合利用的地区，实施保护性耕作技术可采用机械收获时留高茬＋免耕播种作业、机械收获时留高茬＋粉碎浅旋播种复式作业两种处理方法。

留高茬即是在农作物成熟后，用联合收获机或割晒机收割作物籽穗和秸秆，割茬高度控制在：玉米至少20cm，小麦至少15cm，残茬留在地表不做处理，播种时用免耕播种机进行作业。

2. 免耕、少耕播种技术

免耕播种：用免耕播种机一次完成破茬开沟、施肥、播种、覆土和镇压作业。

少耕播种：经必要的地表作业（耙地、浅松）进行播种。

（1）玉米免耕播种作业。

①播种量。春玉米一般亩播种量为 1.5～2kg；夏玉米一般亩播种量 1.5～2.5kg；半精密播种单双籽率≥90%。

②播种深度。播种深度一般控制在 3～5cm，沙土和干旱地区播种深度应适当增加 1～2cm。

③施肥深度。一般为 8～10cm（种肥分施），即在种子下方 4～5cm。

（2）小麦免耕播种作业。

①播种量。冬小麦亩播种量应视具体情况来定，一般水浇地 3～10kg、旱地 12～15kg；春小麦一般亩播种量为 18～20kg。

②播种深度。播种深度一般在 2～4cm，落籽均匀，覆盖严密。

（3）选择优良品种，并对种子进行精选处理。要求种子的净度不低于 98%，纯度不低于 97%，发芽率达 95% 以上。播前应适时对所用种子进行药剂拌种或浸种处理。

（三）杂草、病虫害控制和防治技术

防治病虫草害是保护性耕作技术的重要环节之一。为了使覆盖田块农作物生长过程中免受病虫草害的影响，保证农作物正常生长，目前主要用化学药品防治病虫草害的发生，也可结合浅松和耙地等作业进行机械除草。

1. 病虫草害防治的要求

为了能充分发挥化学药品的有效作用并尽量防止可能产生的危害，必须做到使用高效、低毒、低残留化学药品，使用先进可靠的施药机具，采用安全合理的施药方法。

2. 化学除草剂的选择和使用

除草剂的剂型主要有乳剂、颗粒剂和微粒剂，施用化学除草剂的时间可在播种前或播后出苗前，也可在出苗后作物生长的初期和后期。除草剂在播前或出苗前施入土壤中，早期控制杂草。播前施用除草剂通常是将除草剂混入土中，施除草剂和松土混合可联合作业。也可在施药后用松土部件进行松土配合。播后出苗前施除草剂，一般是和播种作业结合进行，施除草剂的装置位于播种机之后将除草剂施于土壤表面。作物出苗后在它的生长过程中，可将除草剂喷洒在杂草上，苗期的杂草也可以结合间苗，人工拔除。

3. 病虫害的防治

主要是依靠化学药品防治病、虫、鸟、兽和霜冻对植物的危害。一是对作业田块病虫害情况做好预测；二是对种子要进行包衣或拌药处理；三是根据苗期作物生长情况进行药物喷洒。施药量的计算公式：

施药量（mL/hm²）=[流量器流率（mL/s）]/[步行速度（m/s）×有效喷幅（m）×10000]

4. 施药的技术要求

（1）根据以往地块杂草病虫的情况，合理配方，适时打药。

（2）药剂搅拌均匀，漏喷重喷率≤5%。

（3）作业前注意天气变化，注意风向。

（4）及时检查，防止喷头、管道堵漏。

5. 植保机具的选用

结合农村实际以小型为主，可选用喷雾、喷粉机具和超低量喷雾机具。

八、坡耕地改造技术

（一）技术概况

坡耕地由于受地表径流的冲刷，造成坡面的土壤流失，土壤肥力下降，粮食产量低下，农民为了满足对粮食的需求，毁林开荒，扩大耕地面积，顺坡打垄，使坡面冲沟到处可见，把大面积的坡耕地切割得支离破碎，水肥大量流失，土壤侵蚀面积逐年增加，生态失调，环境恶化，人类赖以生存的生产，生活条件十分艰苦，直接影响农、林、牧各业的发展和群众生活水平的提高。由于水土流失，肥力较高的表土被径流冲刷流失掉，破坏了土壤结构，恶化了土壤理化性质，土壤肥力、保水能力逐年下降，造成土地贫瘠，土地生产力下降。随之带来的是生物产量和可利用的土地面积不断减少，制约着群众的经济收入。汛期洪水夹杂大量的泥沙输入下游，严重威胁着下游人民群众的生命财产安全，影响下游地区防洪设施的安全，增加了下游的防洪压力。

燕山北麓区库伦旗被列为全国八片水土保持重点治理区后，在加强小流域综合治理的同时，针对本地区坡耕地多，水土流失严重，群众生活困难，通过修建水平梯田、坡式梯田、水平坑、等高林带等工程对坡耕地改造起到了良好的效果，这些措施的实施，对坡耕地的地表径流线，防止地表径流的汇集，达到降雨就地入渗为目的。改变了生态环境，促进了山区经济的快速发展，起到了良性循环的作用。

（二）技术要点

1. 水平梯田

水平梯田是保持水土，培肥土壤，改造低产田的一项重要技术措施。在5°～15°的坡耕地修建水平梯田，田面宽度8～18m。水平梯田工程设计采用中华人民共和国水利电力部《水土保持技术规范》进行设计。工程拦蓄洪水标准按10年一遇24h暴雨量计算。

本区 10 年一遇 24h 暴雨量 $R=120mm$，洪水径流系数为 0.5，即径流深 $H_{24}=60mm$，每公顷洪水总量为 $600m^3$。水平梯田蓄水边埂高 0.35m，顶宽 0.35m，内坡 45°，外坡同埂坎坡度为 75°，计算见表 3-3。

表 3-3 不同坡度水平梯田田面宽度及土方量计算表

坡度	田面宽（m）	坡长（m）	埂坎占地（m²）	边坎占地（m²）	埂坎高度（m）	埂坎外坡	边埂高度（m）	边埂宽度（m）	边埂内坡（°）	土方量（m³/hm²）
5°~7°	14	15.5	0.50	0.79	1.88	75°	0.35	0.35	45	2355
	18	19.6	0.64	0.79	2.39	75°	0.35	0.35	45	2985
8°~10°	14	15.5	0.73	0.79	2.74	75°	0.35	0.35	45	3420
	18	20.5	0.93	0.79	3.48	75°	0.35	0.35	45	4350
11°~15°	8	9.8	0.68	0.79	2.54	75°	0.35	0.35	45	3180
	10	12.0	0.83	0.79	3.11	75°	0.35	0.35	45	3855

从表 3-3 看出，虽然水平梯田蓄水、保土、保肥效益显著，但工程量大，只适合建设基本农田，提高粮食单产，压缩粮食作物种植面积，退耕还林还草，发展畜牧业。

2. 坡式梯田

坡式梯田暴雨计算同水平梯田，10 年一遇洪水总量为 $600m^3/hm^2$。坡式梯田由于降水产生径流在小面积土壤上流失，即被梯田埂拦截，泥沙淤积年限为 5 年，本地区土壤侵蚀模数为 $8000t/(km^2·年)$。即每公顷 5 年淤积总量为 $400t/hm^2$，泥沙容量 $r=1.35t/m^3$。坡式梯田埂顶宽取 0.35m，内坡取 45°，外坡取 68°，对不同地面坡度坡长修建坡式梯田计算结果见表 3-4。

表 3-4 不同坡度坡式梯田、田面宽度土方量计算结果

坡度	埂坎外坡	田面宽度（m）	埂坎高度（m）	埂坎底宽（m）	埂坎顶宽（m）	土方量（m³/hm²）
3°	68°	18	0.7	1.33	0.35	327.0
5°	68°	18	0.8	1.47	0.35	403.5
7°	68°	14	0.8	1.47	0.35	523.5

从表 3-4 可看出，虽然坡式梯田保土、蓄水功能相对水平梯田较弱，但工程量为 1/10~1/7。坡式梯田经过 5 年淤积后，可继续加高埂坎高度，由坡式梯田过渡到水平梯田，是一项投资少、见效快，可大面积推广，有利于提高坡耕地改造速度，库伦旗现坡改梯面积已达 1 万 hm^2。

3. 水平坑工程

水平坑耕作能够削弱坡度减轻水土流失。坡度越陡，水平坑拦蓄径流的相对作用越显著，对泥沙拦蓄更有效，拦蓄泥沙的能力相对较拦蓄径流高。黄土丘陵沟壑区坡面产流属超渗产流，当雨量和雨强足够大时，水平坑耕作就难以将超过其拦蓄能力的径流蓄积下

来,但由于层层坑埂有效地减弱了径流的冲刷力,使径流携带一部分泥沙淤积在坑里,起到了减少泥沙量的作用。

水平坑工程设计标准同坡式梯田。坑埂尺寸根据不同坡度坡长以洪水、泥沙设计标准进行计算确定。埂顶宽一般取 0.4m,外坡 1:1,内坡 1:0.5,埂脚至坑边距离取 0.3m,对不同坡长、坡度情况下水平坑计算见表 3-5。

表 3-5 不同坡长、坡度水平坑计算表

坡度	坡长（m）	埂断面				坑断面			坑距（m）	单坑土方量（m³）	土方量（m³/hm²）
		定宽（m）	高（m）	内边坡	外边坡	坑宽（m）	坑深（m）	坑长（m）			
3°～5°	50	0.4	0.85	1:0.5	1:1	1.25	1.0	5	1	6.25	208.5
	100	0.4	1.15	1:0.5	1:1	1.5	1.4	5	1	10.50	175.5
5°～8°	50	0.4	0.95	1:0.5	1:1	1.5	1.0	5	1	7.50	250.5
	100	0.4	1.15	1:0.5	1:1	1.7	1.5	5	1	12.75	213.0
8°～15°	30	0.4	0.9	1:0.5	1:1	1.4	1.0	5	1	6.00	333.0
	50	0.4	1.0	1:0.5	1:1	1.5	1.2	5	1	9.00	300.0
15°～25°	20	0.4	0.8	1:0.5	1:1	1.05	1.0	5	1	5.25	438.0
	30	0.4	0.95	1:0.5	1:1	1.5	1.0	5	1	7.50	417.0

水平坑工程控制坡面长,拦截泥沙径流效果也较显著,工程量相对比坡式梯田还要小。水平坑坑内栽植杨树,埂植灌木(柠条)护埂,以工程措施拦泥蓄水,植物措施保护坑埂,达到了生物措施与植物措施有机结合。

4. 等高林带

对 3°以下坡耕地采用等高林带或林网进行改造。根据各种树木在本地区的生长状况,确定乔木树高为 15m,灌木树高为 3m,有效防护距离按树高 10～20 倍设计,林带间距取 200m,带宽 20m,中间 6 行乔木,两侧各两行灌木,株行距乔木 2m×2m,灌木 2m×1m。对沙化的坡耕地布设林网,网眼 200m×200m,网内种草、种灌木。防止土地继续沙化,恢复地力,保持水土,发展畜牧业是一项可行的技术措施。

九、水肥一体化技术

(一)技术概况

水肥一体化技术具有省水、省肥、省工,提高水肥利用率,增加作物产量,提高作物品质,减少环境污染等诸多优势,是现代农业健康科学发展的重要保障,但同时存在前期投入成本高,技术要求复杂等特点,尤其在果蔬类作物种植中,因其种类繁多,生长环境不同，水肥要求各异，所以应正确应用水肥一体化技术，以达到节本增效的目的。

（二）灌水设备

目前技术发展成熟且大面积推广应用的节水灌溉设备依据水的输出方式主要分为喷灌和微灌。

1. 喷灌

喷灌是利用喷头将通过专用管道设备运输至田间的水喷射到孔中，形成细小水滴，洒落到土壤表面和作物表面以供给植物所需水分的灌溉方式。喷灌技术是目前节水效果显著、作物增产明显、投资相对较低、易于推广的节水灌溉技术。一套完整的喷灌系统的设备构成包括：一是水源。河流、湖泊、水库和井泉等均可以作为喷灌的水源。二是水泵及配套动力机。喷灌需要使用具有一定压力的水才能进行喷洒，通常是用水泵将水提取、增压、输送到各级管道及各个喷头中，并通过喷头喷洒出来。三是输水管道系统及配件。一般包括干管、支管和竖管，其作用是将水输送并分配到田间喷头中，此外还需闸阀、三通、弯头等附件。四是喷头及其附属设备。这些设备是喷灌系统中的关键设备，由输水管道运送的水分最终通过喷头喷射至空中。五是田间工程。对于移动式喷灌机需要在田间修建水渠等相应的附属建筑物，将灌溉水从水源引至田间，以满足喷灌的要求。

与其他节水灌溉设备相比，喷灌技术的突出优势在于其对各种地形适应性强，受地形条件的限制小，可用于各种类型的土壤和作物。由于喷灌灌水的均匀度与地形和土壤透水性无关，因此在地形坡度很陡或者土壤透水性很大，难以采用地面灌水方法的地方均可采用喷灌。喷灌技术的应用范围广泛，在地形上，既适用于平原地区，也适用于山丘地区；在土质上，既适用于透水性大的土壤，也适用于入渗率低的土壤。但是喷灌灌溉存在以下缺点：一是灌溉的均匀度和喷洒效果会受到风力的影响。二是表层土壤润湿充分，深层土壤润湿不足。三是有空中损失。

综合上述优缺点，在下述情况下采用喷灌系统可达到更好的效果。第一，浅根系作物；第二，坡度大或者地形起伏明显的区域；第三，需要调节田间微气候的作物，包括防干热风或者霜冻；第四，少风地区或者灌溉季节风力小。

2. 微灌

微灌是微润灌溉技术的简称，是依作物需求，通过管道系统与系统末端（田间）的灌水器，在管内外水势梯度差驱动下，将水分以较小的流量，均匀持续地输送至作物根系附近土壤的灌溉技术。滴灌是最早应用的微灌技术，随着科技的发展，微灌方式已不再是单一的滴灌方式，而是逐渐发展出滴灌、微喷灌、涌泉灌等多种方式。一套完整的微灌系统的组成部分通常包括：一是水源。江河、湖泊、水库、沟渠和井泉等均可作为微灌的水源。二是首部枢纽。包括水泵、过滤设备、动力机、肥料注入设备、控制器等。三是输水管网。包括干管、支管和毛管3级管道，其中干管连接水源，毛管安装或连接灌水器。四是灌水器。在田间直接施水的设备，其作用是消减压力，将管道中的水流变为水滴（滴灌）、细流（涌泉灌）或者喷洒状（微喷灌）的状态输入作物根系附近土壤。喷灌技术通常可节水60%以上，与之相比微灌技术的节水率更高，一般可达80%～85%。此外，与喷灌相比，微灌技术的耗能更低，因其工作压力低，所需水量少，相应地降低了抽水的能量消耗。但是微灌设备在实际推广应用中存在以下问题。第一，初期投资高；第二，为达到少量持续的灌溉目的，微灌系统的灌水器出口通常很小，易发生堵塞，因此管道系统的过滤器要求高，并且需定期清理和维护，同时对水源的水质有较高的要求。因此微灌技术应用的主要对象为具有高经济效益的作物及严重干旱缺水的集雨农业地区农户小面积的作物种植等。喷灌技术和微灌技术均是节水效率较高的灌溉技术，各有其优缺点。在实际应用中，需从作物种植种类、地形、土壤、水源和地区经济状况等方面选择适用的灌溉技术，以达到节本增产、提高农业综合生产能力的目的。

（三）施肥模式

水肥一体化技术中配套的施肥模式根据其工作原理和方法可分为以下5种类型。

1. 压差式施肥

又称旁通施肥罐法，所用到的主要设备是施肥罐，工作原理是在输水管道上某处设置旁管和节制阀，使得一部分水流流入施肥罐，进入施肥罐的水流溶解罐中肥料后，溶解了肥料的水溶液重新回到输入管道系统，将肥料带到作物根系。因其具有操作简单、可直接使用固体肥料、无须预配肥料母液、无须外部能耗等优点，该设备应用十分广泛，但该方法的最大缺点是无法精准控制施肥浓度和速率，肥料溶液浓度随施肥时间逐渐降低。研究表明，随着施肥罐压差的增大，施肥罐出口肥料浓度降低十分迅速，如施肥罐压差为0.5MPa时，肥料相对浓度从100%降至0%经历约20min，而施肥罐压差为3.0MPa时，该时间小于10min。

2. 重力自压式施肥法

该方法适用于应用重力灌溉的场合，如具有自然地形落差的丘陵山地果园等。其工作原理是在灌溉蓄水池处建立高于水池液面的肥料池，池底安装肥液流出管道，利用肥液自身重力流入灌溉蓄水池。该方法的优点：可控制施肥浓度和速度，肥料池造价低，无须外部能耗。缺点：因肥料溶液是先进入蓄水池，而蓄水池通常体积很大，故而灌溉后很难清洗干净剩余肥料，重新蓄水后易滋生藻类、苔藓等植物，有堵塞管道的隐患。

3. 吸入式注肥

又称泵吸施肥法，顾名思义，该方法是通过离心泵产生负压将可溶性肥料吸入灌溉系统，适于任何面积的施肥。吸入式注肥的优点：操作简单，易于安装；与灌溉系统共用离心泵，无须外加动力，适宜施固体可溶性肥料和定量施肥。缺点：肥液浓度不稳定，难以进行配方施肥和自动化控制，对部件连接要求高，施肥容量有限等。该方法在水压恒定时可实现按比例施肥。

4. 注入式施肥

又称泵注肥法或主动式注肥,利用注肥泵将肥料母液注入灌溉系统,注肥泵可由电力或者水力驱动,注入口可在输水管道的任何位置,但要求注入肥液的压力大于管道内水流压力。注入式施肥法的优点:注肥速度可调,适用于各种不同肥料配方,既可实现比例施肥,又可定量施肥。缺点:运行需要满足最小系统压力,需有正确设计和辅助配件,必须进行日常维护,前期投入成本高。

5. 文丘里施肥器

它是一种特殊的施肥设备,利用文丘里装置在管道内产生真空吸力,将肥料溶液从肥料管吸取至灌溉系统。文丘里施肥器可实现按比例施肥,保持恒定的养分浓度,该法无须外部能耗,此外还具有吸肥量范围大、安装简易、方便移动等优点,在灌溉施肥中的应用十分广泛。

(四)水肥一体化技术下的肥料选择

1. 依据作物需肥规律

不同作物对于养分有不同的偏好,如香蕉生长过程中需求量最多的4种养分依次为钾、氮、钙、镁;葡萄对氮、磷、钾的需求比为1.0:0.5:1.2。此外,植物在生长过程的不同阶段对养分需求不同。如苹果树在不同年龄时期对养分的需求不同,在幼龄期需肥量较少,但对肥料非常敏感,对磷肥需求最高;在初果期(营养生长向生殖生长转化的时期),依然是以磷肥为主;盛果期根据产量和树势适当调节氮磷钾比例,同时要注意微量元素的施用;更新期和衰老期则需偏施氮肥,以延长盛果期。

2. 依据田间土壤肥力水平及目标产量

在了解作物需肥规律的基础上,根据田间土壤的肥力水平和目标产量,才能精确计算作物生长过程中需要添加的外源性肥料的量。

3. 分析灌溉水的成分及 pH 值,了解肥料之间的化学作用

某些肥料会影响水的 pH 值,如硝酸铵、硫酸铵、磷酸二氢钾等会降低水的 pH 值,而磷酸氢二钾会增加水的 pH 值,而高 pH 值会增加水中碳酸根离子和钙镁离子产生沉淀的可能,从而造成灌水器堵塞。为防止管道堵塞,还需考虑肥料的溶解度和杂质含量以及不同肥料间是否会发生沉淀反应。

第四章

喀喇沁旗旱作农业技术

第一节 区域概述

一、基本情况

喀喇沁旗位于内蒙古自治区东部，赤峰市西南部，地处七老图山脉东麓，蒙、辽、冀三省区交汇处，东与辽宁省建平县相邻，南与赤峰市宁城县毗邻，西与河北省围场县、隆化县交界，北与赤峰市松山区、红山区接壤。地理位置为东经118°07′46″～119°21′57″，北纬41°33′36″～42°14′09″，海拔高度500～1890.9m。全旗地形呈不规则形，东西长约104km，南北宽约75km，土地面积30.50万hm^2。

喀喇沁旗下辖7个镇、2个乡（其中1个民族乡）、2个街道办事处，即：锦山镇、美林镇、王爷府镇、小牛群镇、牛家营子镇、乃林镇、西桥镇、十家满族乡、南台子乡、锦山河南街道办事处、锦山河北街道办事处，总计161个行政村、4个社区居委会，5个国营农（林）场，旗政府所在地为锦山镇。

喀喇沁旗是以农业为主导产业的旗县。

2014年统计资料显示，全旗总人口353586人，其中农业人口307829人，占总人口的87.0%。全旗社会生产总产值672466万元，农业总产值111102万元，占社会总产值的16.5%，其中粮食作物总产值86722万元，经济作物总产值24380万元。全旗地方财政总收入65856万元，农村人均纯收入8007元。

喀喇沁旗属中纬度北温带半干旱大陆性季风气候区。年平均气温多在4.2～6.8℃，≥10℃活动积温多为2200～3150℃·d，气温呈西南向东北随海拔高度降低而递增趋势。年平均降水量在350～500mm。历年平均蒸发量多在1650～1710mm，为年降水量的3.8倍，水资源匮乏，人均水资源不足400m^3，远远低于全国平均水平。

现有耕地面积 78.8 万亩，人均耕地不足 2.4 亩。其中，水浇地 29.4 万亩，旱地 49.3 万亩，旱地面积占总耕地面积的 62.6%左右，属于典型的"雨养农业"旗县。种植作物主要是玉米、蔬菜、中药材、谷子、马铃薯等。全旗主要气象灾害是干旱，据喀喇沁旗多年气象资料统计，旱灾发生次数较多，基本上是 2 年出现 1 次，特别是近 10 年，由过去的间歇性春旱发展为连年春旱，由春季季节性干旱发展为持续干旱，个别年份全年大旱，地下水位逐年下降。干旱对农业生产危害严重，已成为制约喀喇沁旗经济发展的最主要因素。其次是春季低温和秋季早霜冻，其他如洪雹、大风等几乎每年都有发生或重复交替危害。

二、农田基础设施

农田基础设施是农田高产稳产和农业可持续发展的重要保证，自中华人民共和国成立以来，喀喇沁旗在旗委、旗政府的领导下，认真贯彻执行党对农村的各项方针政策，采取了一系列发展农业生产的措施，进行了大量的农田基础设施建设，开发利用水资源、兴修水利、植树造林、改造低产田、建设稳产高产田、发展旱作农业等，在一定范围内改善了农业生产的基础条件，提高了耕地的生产能力。

1. 水利设施

喀喇沁旗水利工程建设近 10 年发展迅速，投资 3097 万元，完成小流域治理区 25 个，水源工程建设 423 处，节水灌溉工程 339 处。现水利工程年实际供水能力 9657 万 m^3，年实际供水量 7943 万 m^3。全旗现存有效灌溉面积 2.9 万 hm^2，其中，蓄水灌溉面积 0.047 万 hm^2，引水灌溉面积 1.175 万 hm^2，机电井灌溉 1.677 万 hm^2；节水灌溉面积 2.4 万 hm^2，其中，喷滴灌面积 0.101 万 hm^2，低压管灌面积 1.924 万 hm^2，防渗渠节水灌溉面积 0.375 万 hm^2；旱涝保收面积 1.215 万 hm^2；全旗现有水库 2 座，总库容 193 万 m^3；修建防护堤 56km，其中，达标堤 14km，保护耕地 0.552 万 hm^2，保护人口 7.83 万人；自来水厂 7 个，解决人饮安全人口 15.91 万人；全旗现有机电井 3322 眼。其中，配套机电井 2786 眼，农业灌溉井 2598 眼，人饮井 188 眼。

目前，全旗能够充分满足灌溉条件的耕地有 9449.10hm^2，占耕地总面积的 18.90%，基本满足灌溉条件的耕地有 5793.30hm^2，占耕地总面积的 11.59%，关键时期满足灌溉条件的耕地有 1613.46hm^2，占耕地总面积的 3.23%，面积最少，无灌溉条件的耕地有 33143.77hm^2，占耕地总面积的 66.29%。

2. 农业设施

近几年，在国家强农惠农政策的支持下，喀喇沁旗农村民生改善和农业基础设施建设取得了重大进展，在农业综合开发、设施农业、农村能源、粮食直补、良种补贴、有害生物预警与控制区域站建设等项目的支撑下，农业基础设施支撑能力不断提升。特别是设施农业，喀喇沁旗从 2000 年开始规模建设设施农业小区，实施国家《设施农业救灾示范工程项目》进行示范带动，经过近几年的发展，现全旗累计发展面积达到了 3.5 万亩，分布于全旗 9 个乡镇、2 个办事处，平均每年增速近 6000 亩。其中日光温室 1.3 万亩，塑料大棚 2.2 万亩，并初步形成了相应的产业体系。拓展了农业发展空间，为建设高产、高效农业创造了条件。

1997 年至现在，喀喇沁旗一直实施农业综合开发项目。在实施项目过程中，针对当地农业生产中存在的主要问题，以改造中低产田为中心，以水利设施建设为重点，累计改造中低产田 1.8 万 hm^2，新增灌溉面积 0.45 万 hm^2，营造农田防护林 0.02 万 hm^2，显著改善了项目区的农业生产条件，在一定范围内大幅度提高了耕地的综合生产能力。

3. 农业机械

喀喇沁旗农业机械的引进使用始于 20 世纪 50 年代初期，60 年代开始动力排灌，70 年代购置大型农机具，80 年代中后期在大力推行农业机械化的形势下，全旗农业机械化水平得到了迅速提高，到 1995 年末，全旗共有排灌用柴油机 486 台、5093kW，排灌用电动机 2487 台、28364kW。此外，粮油米面加工等也基本实现了机械化。特别是国家实施农机购置补贴资金项目以来，农业机械化水平大幅跃升，农机保有量逐年增加，作业范围进一步拓展，农机服务市场化、组织化程度明显提高，实现了玉米、小麦、马铃薯等主要农作物生产全程机械化，2014 年，全旗农业机械总动力 350981kW，大中型拖拉机 3702 台，小型拖拉机 3401 台，农用排灌柴油机 566 台，农用水泵 1560 台，播种机 3174 台，全旗机耕面积 45 万亩，机播面积 53 万亩。

4. 生态环境建设

针对生态环境遭到破坏，水土流失严重的现状，喀喇沁旗委、旗政府始终把生态建设与保护放在全旗农业工作的首位，特别是近几年，每年在旗政府工作报告中都对生态环境建设和保护工作提出明确目标和要求，持续加大投入力度，开展了一系列大规模的建设，取得了有目共睹的成果。通过大力实施封山育林、风沙源治理、退耕还林还草等一大批重点建设工程，全旗生态环境得到了有效的保护和改善，森林覆盖率达到了 45.8%。

（1）退耕还林造林。喀喇沁旗委、旗政府制定了合理利用土地资源、促进生态改善、增加农民收入和经济发展的长效机制，引导农民实施退耕还林还牧，2002—2009 年，共计退耕还林造林 2.46 万 hm^2，其中，退耕造林 0.999 万 hm^2；荒山荒地造林 1.46 万 hm^2。

（2）水土保持。2001 年开始实施京津风沙源水利水保项目，累计投资 2136 万元，使水保治理保存面积达 25.78 万 hm^2，其中水平梯田 1.21 万 hm^2，水保林 20.74 万 hm^2，清种草 0.65 万 hm^2。经过治理，荒山荒坡逐年减少，林草保存面积逐年增加，沟道不再扩张，治理区林草覆被率比治理前提高 53%，通过坡改梯变成了"三保田"，实现了山、水、田、林、路综合治理，并推广普及了一系列先进的农科技术，调整了农业种植结构，提高了土地生产能力，经济效益明显提高。

第二节 制约因素和存在问题

一、农业投入严重不足

现有的资金、技术、人才等要素严重不足,农业基础设施老化,标准低,不配套,特别是农业服务体系还不适应现代农业发展需要。

二、旱作农田面积大,水资源较为缺乏

喀喇沁旗是一个水资源较为匮乏的农业旗,以旱作农业为主,旱地面积占总耕地面积67.3%,为典型的"雨养农业"。由于农田水利设施不配套,水资源利用率低,干旱仍然是制约农业发展的主要因素。据多年气象资料统计,旱灾基本上是2年出现1次,由过去的间歇性春旱发展为连年春旱,由春季季节性干旱发展为持续干旱,个别年份全年大旱,地下水位逐年下降,仅2009年全旗地下水位平均下降了1.52m,导致农作物大面积减产,甚至绝产。

三、农田水土流失严重,旱作产量低而不稳

喀喇沁旗地形地貌多数为丘陵地带,多数耕地分布在坡地上,降水多集中在7—8月,加之过度开垦、顺坡种植等人为因素,耕地的水土流失十分严重。水土流失侵蚀掉表层肥沃的细土,带走大量的养分,使耕作层变浅,地表砾石增加,耕地养分下降。

四、掠夺式经营,营养失调

山地丘陵坡地,由于垦殖不当,乱砍滥伐,植被遭到破坏,造成表土流失,养分损失,结构变坏,耕性不良,使土壤变得贫瘠。有机肥、秸秆还田、种植绿肥、合理轮作等培肥措施跟不上,耕地养分入不敷出,造成土壤肥力衰退。

第三节 技术推广现状

近年来,由于各级领导重视,广大干部和农民建设旱作节水农业的积极性不断提高,

依托国家项目和投资，在旗委、旗政府正确领导和大力支持下，全旗旱作节水农业建设取得了一定的成绩。中低产田改造面积不断增加，水利设施不断完善，显著改善了部分地区旱作农田的生产条件，在一定范围内提高了耕地的综合生产能力。尤其是2009年发生严重干旱后，全旗发展旱作农业力度不断加大，各种旱作农业技术通过试验、示范得以推广应用，适宜对路的旱作农业技术，对全旗农业发展起到了极大推动作用，经济效益和社会效益十分显著，特别是全膜覆盖技术的推广应用，基本实现了喀喇沁旗大部分旱作农田由低产田变成高产田。目前，应用喀喇沁旗旱作农业技术主要有以下几项。

一、秸秆还田技术

玉米秸秆还田后能疏松土壤，改善土壤团粒结构和理化性能，增加土壤的有机质含量，通气性能提高，储水量增加，能培肥地力，提高作物产量。有机质含量提高0.4～10.4g/kg，土壤养分有效磷含量提高0.1～16.9mg/kg，速效钾含量提高1～88mg/kg，全氮含量提高0.05～0.53g/kg。实施秸秆还田后，亩增产16～99kg，增产率为1.7%～11.66%，亩增收35～218元。实施秸秆还田可避免环境污染，消除火灾隐患，又增加了土壤有机质含量，培肥了地力，减少了化肥施用量，避免过量施用化肥造成的农田环境和生态环境的污染，使农业形成良性生态循环，促进农业可持续发展。

从2010年开始，实施耕地质量保护与有机质提升项目以来，随着宣传技术培训力度的加大，广大农民群众逐渐认识秸秆还田的重要性，从传统的留茬还田到现在玉米秸秆直接粉碎还田，秸秆还田面积不断扩大，2012年直接粉碎还田的面积达到了10万亩。目前随着机收面积的逐年增长，农民自觉意识的提高，直接粉碎秸秆还田面积从最初项目支持到现在农民自觉还田，还田面积每年达5万亩以上，主要是玉米秸秆。

二、地膜覆盖及垄膜沟播集雨技术

喀喇沁旗从20世纪80年代开始推广地膜覆盖技术，开始主要在玉米、花生、西瓜和部分蔬菜上应用，以后推广面积逐年扩大，应用作物也逐年增加，到2009年，推广面积21.09万亩，覆盖作物20种以上，这时期地膜应用集中在喀喇沁西北部的无霜期短、有效积温低乡镇，全是半膜覆盖，主要作物是玉米、马铃薯、各类蔬菜。2009年，开始推广使用全膜覆盖技术，2011年随着膜下滴灌技术的推广应用，全旗地膜覆盖面积不断扩大，2014年覆膜面积已达到32.5万亩。粮食作物单产从2005年的324kg增加到2014年的520kg，增产率为60%。

三、保护性耕作技术

保护性耕作主要包括 4 项技术内容：一是改革铧式犁翻耕土壤的传统耕作方式，实行免耕或少耕。免耕就是除播种之外不进行任何耕作。少耕包括深松与表土耕作，深松即疏松深层土壤，基本上不破坏土壤结构和地面植被，可提高天然降雨入渗率，增加土壤含水量。二是将 30% 以上的作物秸秆、残茬覆盖地表，在培肥地力的同时，用秸秆盖土，根茬固土，保护土壤，减少风蚀、水蚀和水分无效蒸发，提高天然降雨利用率。三是采用免耕播种，在有残茬覆盖的地表实现开沟、播种、施肥、施药、覆土镇压复式作业，简化工序，减少机械进地次数，降低成本。四是改翻耕控制杂草为喷洒除草剂或机械表土作业控制杂草。喀喇沁旗主要采取喷洒除草剂控制杂草和大面积粮食作物秋季收获后不耕翻留高茬或整秆留田技术。其中喷洒除草剂控制杂草面积已达到 64.1 万亩，占全旗耕地面积的 77.5%；留高茬或整秆留田技术目前应用面积有近 30 万亩，占全旗耕地的 40% 左右。

四、化学保墒技术

化学保墒是采用化学物质如保水剂、黄腐酸盐等对土壤和植株进行喷洒、种子包衣、根部涂层等，增强土壤持水和防止地面蒸发，或抑制植物叶片气孔的张开度，降低蒸腾作用。达到节水保墒增产的目的。保水剂通常是高分子无毒无污染的有机化合物，具有保水吸收性能。土壤持水量充足时，保水剂吸水膨胀保持水分，当土壤持水量不足，释放水分供作物需要。施用保水剂，可明显提高耕地土壤保墒、作物抗旱能力，作物一般耐旱 15~25d，且促进生长发育，提高产量和效益。目前喀喇沁旗应用最多的是种子包衣，由前 10 年只有部分玉米杂交种子包衣，发展到现在，已实现大宗粮食作物全部种子包衣，技术覆盖率达到了 100%。

五、水肥一体化技术

水肥一体化技术是将灌溉与施肥融为一体的农业新技术。水肥一体化是借助压力灌溉系统，将可溶性固体肥料或液体肥料配制而成的肥液与灌溉水一起，均匀、准确地输送到作物根部土壤。采用水肥一体化技术，可按照作物生长需求，进行全生育期需求设计，把水分和养分定量、定时，按比例直接提供给作物。喀喇沁旗水肥一体化技术 2012 年以前，只有在设施蔬菜大棚中应用，随着近几年膜下滴灌面积的不断扩大，大田粮食作物技术应用面积逐年增加，2015 年水肥一体化示范区 5000 亩，平均产量为 1049.9kg，相比膜下滴灌对照田的平均亩产 739.4kg，平均亩增产 310.5kg，增产率为 41.99%，平均亩增收 558.9 元（按 1.8 元 /kg 计算）。

六、农艺节水技术

1. 抗旱育苗技术

对经济作物烤烟、蔬菜和果树等采用营养块、营养袋、营养坨（球）和普通苗床集中育苗，除了可以保证全苗壮苗和缩短田间间套种与其他作物的共生期外，最大的优点在于集中管理，利于抗旱。特别是营养块、营养袋、营养坨（球）育苗，在配制营养土时除了加入占总量一半的腐熟、细碎的圈肥和适量的化肥外，还加一定比例的清粪水（或水），水分含量充足，能保证种子出苗，移栽大田后，还可以抗旱 5~7d。

2. 合理间套轮作，增加植被覆盖，减少土壤侵蚀

合理安排种植制度，增加作物覆盖度，减少雨水对土壤表面的直接冲刷，提高地表径流的入渗率，增加耕层土壤含水量，增强抗旱力。同时，根据水资源情况，选用耗水少、耐旱的作物品种，合理安排各种作物的种植面积。

3. 深耕深翻增强土壤保墒力

通过深耕深翻，疏松土壤，改变土壤结构和毛细管的分布，改善耕层土壤空隙度、通透性，减缓深层土壤水的损失，保住土中水分，利用良好的土体结构发挥土壤水库强大蓄水作用。

2014 年全旗总播种面积 77.9 万亩，发展节水农业面积 74.26 万亩；抗旱育苗坐水种植 25 万亩；实施地膜覆盖面积 32.5 万亩，其中，全膜覆盖 20.05 万亩，半膜覆盖 12.45 万亩，膜下滴灌面积 11.55 万亩，水肥一体化面积 3000 亩。

第四节　主要技术模式

喀喇沁旗为一年一熟区，种植制度以一茬作物为主，主要为玉米、谷子、高粱、马铃薯、中药材和各类蔬菜。

一、东部粮食作物为主、经济作物适度发展区

1. 自然资源状况

包括喀喇沁旗的西桥镇、乃林镇和十家满族乡三个乡镇。海拔多在 500~850m，地势自西向东逐渐由浅山丘陵过渡到平川地带，土地集中连片，土层厚度一般在 1.5m 以上。土壤类型多为褐土，有极少量草甸土，分布在坤都河、老哈河沿岸。年降水量一般在 350~450mm，年平均气温在 5.5~7.5℃，年日照时数为 2750~2850h，作物生长季日照时数为 1500~1550h，光能资源较缺乏。年 ≥ 10℃活动积温 2800~3180℃，无霜期

多为 140～149d，最长可达 160d；日平均气温≥0℃日数多为 224～236d。主要气候特点是雨量较充沛，光照欠缺，热量充足，无霜期较长。

2. 耕地资源状况

本地区耕地面积 16809.1hm²，占全旗总耕地面积的 33.62%，其中，水浇地 6886.48hm²，占全旗水浇地面积的 40.86%；旱地 9922.62hm²，占全旗旱地面积的 29.94%，并且多数旱地相对坡度较缓。一级地面积 2318.70hm²，占全旗一级地面积的 34.55%；二级地面积 4654.00hm²，占全旗二级地面积的 40.89%；三级地面积 6182.87hm²，占全旗三级地面积的 43.16%。一级至三级地总面积为 13155.57hm²，占全旗总耕地面积的 26.31%；四级地面积为 2937.61hm²，占全旗四级地面积的 26.01%；五级地面积为 715.92hm²，占全旗五级地面积的 11.38%。四级、五级地总面积为 3653.53hm²，占全旗耕地面积的 7.31%。

3. 耕地质量状况

该地区土壤养分含量较低，各种养分平均值为：pH 值 8.2，有机质 15.98g/kg、全氮 0.98g/kg、碱解氮 81mg/kg、有效磷 11.43mg/kg、速效钾 137mg/kg，除有效硼 0.45mg/kg 和有效钼 0.10mg/kg 低于临界值以外，其他中微量元素均为中等偏低水平。

4. 障碍因素

区内植被覆盖率低，晚春夏初干旱较频繁，水土流失严重，对春播抓全苗影响大。

该地区特点是地势较平坦，地下水资源丰富，水利条件相对较好，热量资源丰富，水浇地面积大，耕作水平高。旱作农业发展模式为：增施有机肥—实施机械深松整地—选择抗旱抗密品种—增密度栽培—配方施肥—膜下滴灌水肥一体化—病虫害统防统治—回收滴灌管及地膜。

二、中部经济作物主产区

1. 自然资源状况

包括喀喇沁旗的锦山、牛家营子二个镇和一个锦山街道办事处。海拔多在 650～1000m。土壤类型较多，多数为褐土，棕壤土、草甸土、黄土都有分布。年降水量一般在 370～490mm，年平均气温在 5.0～7.5℃，年日照时数为 2789～2823h，作物生长季日照时数为 1516～1534h，光能资源较缺乏。年≥10℃活动积温 2800～3000℃，无霜期多为 133～143d；日平均气温≥0℃日数多为 222～230d。主要气候特点是雨量较充沛，光照欠缺，热量较充足，无霜期较长。

2. 耕地资源状况

本地区耕地面积 14037.26hm²，占全旗总耕地面积的 28.07%，其中，水浇地 6068.12hm²，占全旗水浇地面积的 36.00%；旱地 7969.14hm²，占全旗旱地面积的 24.04%。一级地面积 3267.23hm²，占全旗一级地面积的 48.69%；二级地面积

2944.18hm², 占全旗二级地面积的 25.87%；三级地面积 2730.52hm², 占全旗三级地面积的 19.06%。一级至三级地总面积为 8941.93hm², 占全旗总耕地面积的 17.88%；四级地面积为 4192.36hm², 占全旗四级地面积的 37.12%；五级地面积为 902.99hm², 占全旗五级地面积的 14.36%。四级、五级地总面积为 5095.34hm², 占全旗耕地面积的 10.19%。

3. 耕地质量状况

该地区土壤养分含量也较低，各种养分平均值为：pH 值 8.1，有机质 15.17g/kg、全氮 0.94g/kg、碱解氮 84mg/kg、有效磷 13.42mg/kg、速效钾 147mg/kg，除有效钼 0.12mg/kg 低于临界值以外，其他中微量元素均为中等偏丰富水平。

4. 障碍因素

区内植被覆盖率较低，土壤肥力差，晚春夏初干旱较频繁，水土流失严重，旱坡地改良面积小。

该地区位于锡伯河下游，东北与赤峰市新城区连接，水浇地面积大，耕作水平较高，旱作农业发展模式为：坡地改良—增施有机肥—机械深松整地—选择抗旱品种—一次性配方施肥—垄膜沟播集雨技术栽培（或膜下滴灌水肥一体化）—病虫害统防统治—回收滴灌管及地膜。

三、西南特色作物种植区

1. 自然资源状况

包括喀喇沁旗的美林镇、王爷府镇和小牛群镇三个乡镇。海拔多在 850～1200m，地势西高东低，地形复杂多样，气温垂直梯度大；土壤类型多为褐土和棕壤土，土壤肥力较好。区内雨量丰沛，年降水量一般在 440～500mm，属半湿润向半干旱的过渡带。年平均气温多在 2.2～5.7℃，最低西部高寒山区可达 1.7℃，年平均日照时数为 2800～2900h，作物生长季日照时数为 1550～1600h，光能资源属全旗较丰富区域。年≥10℃活动积温 2200～2600℃，无霜期多为 120～140d，最短只有 90d，日平均气温≥0℃日数多为 211～224d。主要气候特点是冬长而寒冷，夏短而凉爽，自然降水较多，日照充足，气候较湿润，土质肥沃，热量不足，无霜期短，蒸发量小，风蚀较轻，气温日较差大，植被覆盖率高。

2. 耕地资源状况

本地区耕地面积 19153.26hm², 占全旗总耕地面积的 38.31%，其中，水浇地 3901.25hm², 占全旗水浇地面积的 23.14%；旱地 15252.01hm², 占全旗旱地面积的 46.02%。一级地面积 1124.30hm², 占全旗一级地面积的 16.76%；二级地面积 3783.82hm², 占全旗二级地面积的 33.24%；三级地面积 5411.16hm², 占全旗三级地面积的 37.78%。一级至三级地总面积为 10319.28m², 占全旗总耕地面积的 20.64%；四级地面积为 4163.96hm², 占全旗四级地面积的 36.87%；五级地面积为 4670.01hm², 占全旗五级地面积的 74.26%。

四级、五级地总面积为 8833.97hm^2，占全旗耕地面积的 17.67%。

3. 耕地质量状况

该地区土壤养分含量较高，各种养分平均值为：pH 值 6.8，有机质 21.94g/kg、全氮 1.28g/kg、碱解氮 124mg/kg、有效磷 22.02mg/kg、速效钾 157mg/kg，除有效钼平均 0.13mg/kg 低于临界值处于缺乏状态以外，有效硼、有效锌、有效硅是较低水平，其他中微量元素均为丰富水平。

4. 障碍因素

区内水土流失严重，热量资源不足，温差较大，无霜期短。

该地区旱作农业发展模式为：增施有机肥—机械深松整地—选择抗旱品种—一次性配方施肥—采用垄膜沟播集雨技术栽培—病虫害统防统治—回收滴灌管及地膜。

第五节 技术规程规范

一、玉米垄膜沟播集雨技术规程

1. 整地

覆膜前浅耕，平整地表，耕层深 18～20cm，可采用旋耕机旋耕，做到"上虚下实无根茬、地面平整无坷垃"，为覆膜、播种创造良好的土壤条件。

2. 施肥

施有机肥 2000kg/亩，磷酸二铵 5～10kg/亩，缓控释肥 30～40kg/亩，一次性将化肥混合后均匀撒在小垄的垄带内深施。

3. 起垄

按种植走向开沟起垄、缓坡地沿等高线开沟起垄。大小垄双行种植，大垄宽 60～70cm、高 10cm，小垄宽 40cm、高 15cm，幅宽 100～110cm，每幅垄对应一大一小、一高一低两个垄面。要求垄和垄沟宽窄均匀，垄脊高低一致，起垄覆膜连续完成，减少水分散失。

4. 土壤消毒

对地下害虫为害严重的地块，整地起垄时每亩用 40% 辛硫磷乳油兑水 50kg 喷施。每喷完 1 次覆盖后再喷一带，以提高药效。对于杂草危害严重的地块，在覆膜前用 50% 乙草胺乳油 100g 兑水 50kg，或用甲乙莠水悬浮剂兑水全地面喷雾。

5. 覆膜

用厚度 0.008mm 以上的蓝光膜、宽 120～130cm 的地膜，沿边线开深 5cm 左右的浅沟，地膜展开后，靠边线的一边在浅沟内，用土压实，另一边在大垄中间，沿地膜每隔 1m 左右，用铁锹从膜边取土原地固定，并每隔 2～3m 横压土腰带。覆完第一幅膜后，将第二幅膜的一边与第一幅膜在大垄中间相接，从下一大垄垄侧取土压实，依次类推铺完全田。覆膜同时铺好滴灌带，将地膜拉展铺平，从垄面取土后应随即整平。覆膜后切实抓好防护管理工作，严禁牲畜入地践踏、防止大风造成揭膜。要经常沿垄沟逐行检查，一旦发现破损及时用细土盖严。覆盖地膜 1 周左右地膜与地面贴紧，此时在垄沟内每隔 50cm 打一直径 3mm 的渗水孔，以便降水入渗。

6. 适期播种

地表 5cm 地温稳定通过 10℃为玉米适宜播期，一般在 4 月中下旬。土壤过分干旱时采取坐水播种，为种子萌发创造条件。

7. 田间管理

苗期主要是破土引苗、查苗补苗、间苗定苗、打杈去分蘖。中期注意防止玉米病虫害发生。

8. 适时收获

玉米进入蜡熟期适时收获，秸秆收后清除回收残膜，深耕耙耱整地。

二、谷子全膜双垄沟播技术规程

1. 整地保墒

（1）秋深耕，在前茬作物收获后即进行秋翻耙耱，结合秋季深耕进行秋施肥，每亩施优质农家肥 2000kg。

（2）冬压保墒，立冬时压第一遍，"三九"天压第二遍，压碎坷垃，填严土壤裂缝。

（3）早春顶凌耙地，减少水分蒸发。旱地覆膜谷子对地力要求：土层深厚，土质疏松，保水保肥能力强，肥力中等以上。

2. 选用良种与种子处理

（1）选择优质、高产、耐旱、抗性强的张杂谷系列或金香玉等品种。

（2）种子处理。

晒种：播前一周将谷种在太阳下晒 2～3d，以杀死病菌，减少病原并提高种子发芽率和发芽势。

选种：播前用清水洗种 3～5 次，漂出秕谷和草籽，提高种子发芽率。

药剂拌种：可用 50% 辛硫磷乳液闷种以防地下害虫，药∶水∶种比例为 1∶(40～50)∶(500～600)。防治黑穗病可用 40% 拌种双粉剂按种子量 0.1%～0.3% 拌种或 75% 萎福双可湿性粉剂按种子量 0.2% 拌种。

（3）不进行药剂处理的种子进行包衣。

3. 适时播种，合理密植

当耕层土温稳定在 8～10℃时进行播种，即在 4 月末至 5 月初播种为宜，墒情好的地块要适时晚播，覆膜栽培较露地提前 7～10d 播种，提倡精量播种，每亩播精选种子 0.5kg，播后及时覆土镇压，干旱严重的地块采取顶凌播种、抢墒播种、探墒播种等抗旱播种法。

采用化肥一次性深施技术，亩施优质农家肥 2000kg 以上，将尿素 20～25kg 一次性施入结合垄内，然后在施肥沟两侧开沟播种，并将 40% 谷子配方肥 20kg 施入播种沟内，或根据耕地土壤养分状况一次性施用缓控释肥料 30～40kg，且做到种肥隔离。

起垄时分为大小双行，大垄宽 60cm、高 10cm，小垄宽 40cm、高 15cm，幅宽 100cm，亩保苗 1.2 万～1.5 万株，穴（株）距 9～11cm。每幅垄对应一大一小、一高一低两个垄面。要求垄和垄沟宽窄均匀，垄脊高低一致，起垄覆膜连续完成，防止土壤风干造成水分散失。

4. 田间管理

（1）早间苗留壮苗。三叶期间苗，根据留苗密度 5 叶期定苗，留苗时要除掉病苗、弱苗。结合间苗进行中耕除草。

（2）防治粟叶甲。在间谷苗（即锄小苗）前后，可用 10% 氯氰菊酯乳油、40% 乐果乳油、80% 敌敌畏乳油等量混合，每亩用 50～100mL，配成 1000 倍液对准谷苗喷洒，可防治粟叶甲（为害后造成白叶）；6 月上旬，若发现有黏虫（咬食叶片成孔洞或缺刻），可用 25% 氰·辛乳油等药剂喷洒防治。

（3）防治黏虫。当田间黏虫处于 3 龄以下时用 90% 敌百虫晶体、80% 敌敌畏乳油 800 倍液，或 20% 氰戊菊酯乳油 2500 倍液喷雾。

5. 适时收获

谷子全部变黄、硬化后，及时收割，堆放风干后脱粒归仓。

三、高粱全膜覆盖抗旱节水栽培技术规程

1. 整地备耕

前茬作物收获后，土壤封冻前立即深翻、整地、深松（40cm）耙耱保墒，播前耙压、拖平，使土壤细碎无坷垃，上虚下实。结合整地亩施优质有机肥 2000kg。

2. 选用良种与种子处理

（1）品种选择。选用晋杂 22、赤杂 16、凤杂 4 纯度在 98% 以上，净度在 97% 以上，发芽率在 90% 以上的高产优质种子。

（2）种子处理。用专用种衣剂进行种子包衣，未包衣种子要精选、晾晒，播前可选择阳光充足的天气，摊晒种子 3～5d，再用 40% 拌种双可湿性粉剂按种子量的 0.3% 拌种防治黑穗病。地下害虫发生为害严重的地块，可用 50% 辛硫磷乳油按药：水：种＝1：40：500 比例进行拌种防治地下害虫。

3. 覆膜

（1）地膜规格。选用厚度 0.008mm 以上的蓝光膜、宽 120～130cm。

（2）覆膜时间。①顶凌覆膜，是在 3 月上中旬土壤昼消夜冻时起垄覆膜，此时覆膜保墒增温效果好，有利于发挥该技术增产优势。②覆膜同步，就是覆膜播种同步进行。也就是说先把种子播到膜床内，再进行覆膜，出苗后引苗封土。

（3）覆膜方法。春季整地后，选择玉米生产上应用的全膜双垄起垄覆膜一体机一次性完成施肥、播种、喷洒除草剂、覆膜、压膜、滴渗管铺设各项作业，最大限度提高作业效率，降低生产成本。

覆膜时按高粱种植走向开沟起垄，大垄宽 70～80cm，小垄宽 35～40cm。膜面松紧适度，紧贴地面，沟内机械压土适量、均匀，覆膜 1 周左右，待地膜与地面贴紧时，在沟内每隔 50cm 打一直径 3mm 的渗水孔，以便降水渗入。若起垄覆膜机械的压膜轮上带有打孔装置，就不必再打渗水孔。

4. 播种

（1）播种时间。覆膜高粱应比直播高粱提前 7d 左右播种，掌握在 4 月 20 日至 5 月 5 日。

（2）播种形式和密度。为方便机械作业，采用大小垄种植，大垄宽 70cm，小垄宽 40cm，株距 20cm，亩留苗 6000 株左右。

（3）施肥。施有机肥 2000kg/亩，磷酸二铵 5～10kg/亩，缓控释肥 25～35kg/亩，一次性将化肥混合后均匀撒在小垄的垄带内深施。

5. 田间管理

（1）放苗。破膜放苗封土，当田间出苗率达 50% 时，在晴天无风的上午 10 时前和下午 4 时后进行分批引苗，至少要引苗二次，防止高温烧苗。放苗孔要小，并及时用湿土围封破孔，以利保墒增温。

（2）间苗、定苗。当苗长到 3～4 片叶时间苗，以防止幼苗拥挤，形成弱苗。5～6 片叶时定苗，促使幼苗生长整齐一致。

（3）选择性地去除无效分蘖。由于粒用高粱的分蘖发育时期较晚，多余分蘖枝条没有多大的生产价值，所以应予以摘除，或者通过深培土来抑制分蘖。可以保留 1～2 个生长健壮的分蘖，但分蘖能力强、分蘖速度快，并且能够与主茎同时抽穗的品种，可以不用去除分蘖枝条。

（4）病虫害防治。

①高粱黑穗病。药剂处理种子是防治高粱黑穗病最简单、最有效的方法。用 20% 粉锈宁乳油 100mL，加少量水，拌种 100kg，混拌均匀，摊开晾干后播种。

②高粱蚜虫。4.5% 高效氯氰菊酯乳油 20～30mL，加水 40～50kg，均匀喷雾。

③高粱黏虫。用 50% 辛硫磷乳剂 1000～2000 倍液喷雾。

④高粱条螟（或玉米螟）。生物防治：利用赤眼蜂防治，放蜂时间在当地螟化蛹率达

到 20% 后 10d 第一次放蜂，间隔 1 周后第二次放蜂。

化学防治：在心叶末期（5% 抽穗），将 40% 辛硫磷乳油配成 0.3% 颗粒剂，撒在喇叭筒里。

四、玉米膜下滴灌技术规程

1. 选地整地

（1）选地。选择地势平坦、土层深厚、土质疏松、肥力中上、土壤理化性状良好、保水保肥能力强的地块。

（2）整地。覆膜前浅耕，耕翻深度 20cm 左右，平整地表，有条件的地区可采用旋耕机旋耕，旋耕深度 15cm 左右，做到"上虚下实无根茬、地面平整无坷垃"，为覆膜、播种创造良好的土壤条件。

2. 品种选择和种子处理

（1）品种选择。根据气候和栽培条件，选择高产、优质、抗性强、比露地栽培 ≥10℃积温多 100～200℃·d 的主推优良品种。

（2）种子处理。选用包衣种子。种子处理按国标《粮食作物种子 第 1 部分：禾谷类》（GB 4404.1—2008）的要求。

3. 覆膜铺带

（1）地膜选择。地膜厚度为 0.008cm 以上的蓝光膜，膜宽 120cm。

（2）覆膜铺带。玉米膜下滴灌覆膜、铺带与播种同时进行。作业前，调整好机具，装好滴灌带、地膜等；作业时，先从滴灌带卷上抽出滴灌带一端，固定在地头垄正中间，然后从地膜卷上抽出地膜端头放地头，两侧用土封好，然后开始作业，每隔一定距离（3～4m）压一条土带，以免大风将地膜掀开；作业结束，到地头时先将滴灌管带截断、扎死和地膜一起用土固定压实。

4. 播种

（1）播期选择。土壤 10cm 耕层温度稳定在 7～8℃，即 4 月中下旬播种。

（2）播种密度。玉米膜下滴灌实行大小垄种植，大垄宽 70cm、小垄宽 40cm，株距 22～24cm，亩保苗 5000～5500 株。

（3）播种作业。播种选用玉米膜下滴灌多功能联合作业播种机，开沟、施肥、播种、打药、铺带、覆膜、覆土一次性完成。播种作业前，按规定的播种密度、播种深度，调整好机具，装好滴灌带、地膜、种子、化肥和除草剂；作业过程中，机手和辅助人员要随时检查和观察作业质量与工作情况，发现问题应及时处理，做到播种深浅一致，不漏播、不重播，减少空穴，做到行直、行距准确均匀。

5. 施肥

（1）施肥原则坚持"有机肥和无机肥并重，氮、磷、钾及微肥密切配合"的原则，配方施肥、以产定肥。通过增施有机肥，提高土壤肥力，增加产量。

（2）施肥方法。具体施用方法：施用有机肥2000kg/亩，有机肥结合翻耕施入（根据肥源确定），基肥选用45%配方肥30～40kg，硫酸锌2kg；追肥在玉米拔节期、大喇叭口期、抽穗开花期分三次追施水溶肥料30kg。

（3）追肥方法。灌溉施肥（水肥一体化）的操作方法如下。

①追肥时要准确掌握肥料用量，首先计算出每个轮灌区的施肥量，然后开始追肥。

②追肥前要求先滴清水15～20min，再加入肥料。

③追肥时先打开施肥罐的盖子，加入肥料，一般固体肥料加入量不应超过施肥罐容积的1/2，然后注满水，并用木棍进行搅动，使肥料完全溶解。

④提前溶解好的肥液或液体肥料加入量不应超过施肥罐容积的2/3，然后注满水。

⑤加好肥料后，盖上盖子并拧紧盖子螺栓，打开施肥罐水管连接阀，调整首部出水口闸阀开度，开始追肥，每罐肥一般需要20min左右追完。

⑥第一次装肥追完后，根据施肥方案要求，进行第二次、第三次装肥。

⑦全部追肥完成后再滴清水30min，清洗管道，防止堵塞滴头。

6. 灌溉

具体灌溉量次如下。

播种到出苗期：干播条件下，根据土壤墒情滴灌出苗水，次滴灌量5～8m^3/亩。

苗期：应根据苗情、土壤墒情等灵活掌握。一般不灌水，进行蹲苗，促进根系发育，茎秆增粗，减轻倒伏。土壤过于干旱，则滴灌一次保苗水，次滴灌量5～10m^3/亩。

拔节期：滴灌1次，次滴灌量10～15m^3/亩。

大喇叭口期：滴灌1次，次滴灌量15～20m^3/亩。

抽穗开花期：滴灌2次，次滴灌量15～20m^3/亩。

灌浆期：滴灌1次，次滴灌量15～20m^3/亩。

全生育期共滴灌5～7次，合计滴灌量80～100m^3/亩。具体时间和滴灌量根据土壤墒情、天气和玉米生长状况及特性适当调整，降水量大，土壤墒情好，可不滴灌或少滴水。判断：10～30cm泥土用手抓捏成团，摔到地面散开应灌水，不散开不用灌水。

7. 田间管理

（1）查苗放苗。及时查苗放苗，防止烧苗，确保全苗。

（2）定苗间苗。3～5叶期定苗，去弱苗留壮苗，如果发现缺苗，移栽补苗或就近留双株。

（3）病虫草害综合防治。

①化学除草。玉米膜下滴灌的草害防除，通用的做法是封闭灭草，即在玉米播种时于土壤表层地膜下喷洒除草剂一次，一般选用广谱性、低毒、残效期短、效果好的除草剂。

②苗期防治。苗期主要防治地下害虫、蚜虫、红蜘蛛、叶蝉等。采用种子包衣或将专治农药撒于苗周围土中。

③穗期防治。穗期主要防治黏虫和玉米螟等虫害。结合预测预报，喷施有针对性的农药剂。玉米螟防治在成虫发生期，在有电源的地方可设黑光灯和性诱剂诱杀成虫。在玉米螟产卵盛期，可用赤眼蜂或其他药剂防治。

④花粒期防治。花粒期主要防治黑穗病。发现后，将病株拔除，于田间外烧毁。

8. 收获

（1）收获时期。玉米收获时期因品种、播期及生产目的而异。一般在9月底至10月上旬，玉米植株渐黄，果穗苞叶松散，籽粒变硬并有光泽即可收获。机械收获时间要求较人工收获高，一般要求叶片、秸秆的湿度不超过60%，籽粒湿度不超过30%。

（2）机械收获（地膜提前回收）。机械收获要选用适合于宽窄行种植的收获机械，在收获前10～15d对田间进行勘查，了解作物生长情况，确定机组收获行走路线、次序、对田间的渠沟应予以平整清理，对不能清除的障碍应作出明显标记，收获时机械割道要对准玉米行，并保持高度一致，保证作业质量。

五、保护性耕作技术实施要点

保护性耕作技术是对农田实行免耕、少耕，尽可能减少土壤耕作，并用作物秸秆、残茬覆盖地表，减少土壤风蚀、水蚀，提高土壤肥力和抗旱能力的一项先进农业耕作技术。目前主要应用于干旱、半干旱地区农作物生产及牧草的种植。

实施保护性耕作技术必须坚持因地制宜，注重经济效益、社会效益和生态效益相结合，坚持农机与农艺相结合，坚持试验示范与辐射推广相结合，积极引导保护性耕作技术的推广应用。为了保证保护性耕作技术实施的规范化，指导各地结合实际，制定具体技术实施规范，特制定技术实施要点。

保护性耕作主要包括四项技术内容：一是改革铧式犁翻耕土壤的传统耕作方式，实行免耕或少耕。免耕就是除播种之外不进行任何耕作。少耕包括深松与表土耕作，深松即疏松深层土壤，基本上不破坏土壤结构和地面植被，可提高天然降雨入渗率，增加土壤含水量。二是将30%以上的作物秸秆、残茬覆盖地表，在培肥地力的同时，用秸秆盖土，根茬固土，保护土壤，减少风蚀、水蚀和水分无效蒸发，提高天然降雨利用率。三是采用免耕播种，在有残茬覆盖的地表实现开沟、播种、施肥、施药、覆土镇压复式作业，简化工序，减少机械进地次数，降低成本。四是改翻耕控制杂草为喷洒除草剂或机械表土作业控制杂草。

（一）秸秆覆盖技术

1. 秸秆粉碎还田覆盖

（1）玉米秸秆粉碎还田覆盖。适合玉米产量较高的地区，如秸秆量过大或地表不平时，粉碎还田后可以用圆盘耙进行表土作业；春季地温太低时，可采用浅松作业。还田方式可采用联合收割机自带粉碎装置和秸秆粉碎机作业两种。玉米秸秆粉碎还田机具作业要求以达到免耕播种作业要求为准。

（2）小麦秸秆粉碎还田覆盖。适合用联合收割机收获，土地又比较肥沃、疏松的地区。地表不平或杂草较多时可用浅松作业，秸秆太长时可用粉碎机或旋耕机浅旋作业。还田方式可采用联合收割机自带粉碎装置和秸秆粉碎机作业两种。小麦秸秆粉碎还田机具作业要求以达到免耕播种作业要求为准。

2. 整秆还田覆盖

（1）玉米整秆还田覆盖。适合冬季风大的地区，人工收获玉米后对秸秆不做处理，秸秆直立在地里，以免秸秆被风吹走；播种时将秸秆按播种机行走方向撞倒，或用人工踩倒。

（2）小麦整秆还田覆盖。适合机械化水平低，用割晒机或人工收获的地区。麦秆运出脱粒、土地进行深松、再覆盖脱粒后的整秸秆。

3. 留茬覆盖

在风蚀严重及以防治风蚀为主，且农作物秸秆需要综合利用的地区，实施保护性耕作技术可采用机械收获时留高茬＋免耕播种作业、机械收获时留高茬＋粉碎浅旋播种复式作业两种处理方法。

留高茬即是在农作物成熟后，用联合收获机或割晒机收割作物籽穗和秸秆，割茬高度控制在玉米至少20cm，小麦至少15cm，残茬留在地表不做处理，播种时用免耕播种机进行作业。

（二）免耕、少耕播种技术

免耕播种：用免耕播种机一次完成破茬开沟、施肥、播种、覆土和镇压作业。

少耕播种：经必要的地表作业（耙地、浅松）进行播种。

1. 玉米免耕播种作业

（1）播种量。春玉米一般亩播种量为1.5～2kg；夏玉米一般亩播种量1.5～2.5kg；半精密播种单双籽率≥90%。

（2）播种深度。播种深度一般控制在3～5cm，沙土和干旱地区播种深度应适当增加1～2cm。

（3）施肥深度。一般为8～10cm（种肥分施），即在种子下方4～5cm。

2. 小麦免耕播种作业

（1）播种量。冬小麦亩播种量应视具体情况来定，一般水浇地3～10kg、旱地12～15kg；春小麦一般亩播种量为18～20kg。

（2）播种深度。播种深度一般在2～4cm，落籽均匀，覆盖严密。

3. 选择优良品种，并对种子进行精选处理

要求种子的净度不低于98%，纯度不低于97%，发芽率达95%以上。播前应适时对所用种子进行药剂拌种或浸种处理。

（三）杂草、病虫害控制和防治技术

防治病虫草害是保护性耕作技术的重要环节之一。为了使覆盖田块农作物生长过程中免受病虫草害的影响，保证农作物正常生长，目前主要用化学药品防止病虫草害的发生，也可结合浅松和耙地等作业进行机械除草。

1. 病虫草害防治的要求

为了能充分发挥化学药品的有效作用并尽量防止可能产生的危害，必须做到使用高效、低毒、低残留化学药品，使用先进可靠的施药机具，采用安全合理的施药方法。

2. 化学除草剂的选择和使用

除草剂的剂型主要有乳剂、颗粒剂和微粒剂，施用化学除草剂的时间可在播种前或播后出苗前，也可在出苗后作物生长的初期和后期。除草剂在播前或出苗前施入土壤中，早期控制杂草。播前施用除草剂通常是将除草剂混入土中，施除草剂和松土混合可联合作业。也可在施药后用松土部件进行松土配合。播后出苗前施除草剂，一般是和播种作业结合进行，施除草剂的装置位于播种机之后将除草剂施于土壤表面。作物出苗后在它的生长过程中，可将除草剂喷洒在杂草上，苗期的杂草也可以结合间苗，人工拔除。

3. 病虫害的防治

主要是依靠化学药品防治病、虫、鸟、兽和霜冻对植物的危害。一是对作业田块病虫害情况做好预测；二是对种子要进行包衣或拌药处理；三是根据苗期作物生长情况进行药物喷洒。施药量的计算公式：

施药量(mL/hm^2)=[流量器流率(mL/s)]/[步行速度(m/s)×有效喷幅(m)×10000]

4. 施药的技术要求

根据以往地块杂草病虫的情况，合理配方，适时打药；药剂搅拌均匀，漏喷重喷率≤5%；作业前注意天气变化，注意风向；及时检查，防止喷头、管道堵漏。

5. 植保机具的选用

结合农村实际，植保机具以小型为主，可选用喷雾、喷粉机具和超低量喷雾机具。

（四）深松技术

深松的主要作用是疏松土壤，打破犁底层，增强降水入渗速度和数量；作业后耕层土壤不乱，动土量小，减少了由于翻耕后裸露的土壤水分蒸发损失。深松方式可选用局部深松或全方位深松。

1. 局部深松

选用单柱式深松机,根据不同作物、不同土壤条件进行相应的深松作业。主要技术要求是:

(1)适耕条件。土壤含水量在15%~22%。

(2)作业要求。宽行作物(玉米)深松间隔:40~80cm,最好与当地玉米种植行距相同;深松深度:23~30cm;深松时间:播前或苗期进行,苗期作业应尽早进行,玉米不应晚于5叶期;密植作物(小麦)也可以局部深松,但为了保证密植作物株深均匀,应在松后进行耙地等表土作业,或采用带翼深松机进行下层间隔深松,表层全面深松,密植作物(小麦)深松间隔:40~60cm;深松深度:23~30cm。

(3)配套措施。条件适宜地区在作业中应加施底肥,天气过于干旱时,可进行造墒。

(4)作业周期。根据土壤条件和机具进地密度,一般2~4年深松一次。

(5)机具要求。一般机具为凿形铲式,密植作物地区可采用带翼形铲的深松机。

2. 全面深松

选用倒"V"形全方位深松机,根据不同的作物、不同土壤条件进行相应的深松作业。主要技术要求如下:

(1)适耕条件。土壤含水量在15%~22%。

(2)作业要求。深松深度:35~50cm;深松时间:在播前秸秆处理后作业;作业中松深一致,并不得有重复或漏松现象。

(3)配套措施。天气过于干旱时,可进行造墒。

(4)作业周期。根据土壤条件和机具进地强度,一般2~4年深松一次。

第六节 发展建设思路

一、建设高产高效基本农田

在河流阶地、山间谷地和丘间洼地上,地势平缓,少部分3°~7°的坡耕地,土体深厚,养分含量高,在建设等高田的基础上,通过农田基本建设,实现田、林、路配套,并合理开发利用丰富的水资源,发展水肥一体化节水灌溉,逐步建成高产稳产基本农田。全旗可建设高产高效基本农田的面积48.6万亩,占耕地面积的61.7%。

二、建设旱作稳产基本农田

分布在河流阶地、丘间洼地上,地面平坦,但土层薄,地表砾石含量高,土壤养分含量低，而且漏水漏肥的旱地，在农田基本建设的基础上，通过种植绿肥或增施农家肥等，提高土壤的保水保肥能力，逐步建成旱作稳产基本农田。另外，部分为坡耕地，土体较厚，养分含量也较高，通过建设等高田或等高耕作，拦截降雨径流，防止水土流失，并推广粮草轮作技术，逐步培肥土壤，建设旱作稳产基本农田。该地区建设旱作稳产基本农田的面积30.2万亩，占耕地面积38.3%。

三、大力开发有机肥源，培肥地力

通过多种形式、多种途径开发有机肥源，增加耕地有机肥料投入，维持或进一步提高耕地土壤的有机质含量。一是加强有机肥的工厂化生产，开发利用畜、禽粪便和城市生活垃圾，生产高效、安全的有机肥新产品。二是大力推广秸秆还田技术。三是充分利用国家增加新能源项目投入的有利时机，加大沼气废料的利用率。

四、推广应用农业技术

一是采取以深耕为中心的耕、耙、磨、压等耕作措施，是加速生土熟化，定向培肥土壤的重要措施之一，通过深耕，可加厚土壤耕作层，改善土壤结构，提高地力。二是正确的轮作倒茬可使土壤中的养分、水分得到合理利用，充分发挥生物养地培肥增产的良好作用。同时还可以减少病虫对作物的危害，促进丰产丰收。三是推广应用秸秆还田技术。四是重视微生物肥料的使用。因为微生物肥料可以增加土壤肥力。四是多种共生，自生的固氮微生物肥料，可以增加土壤中氮素来源，多种分解磷、钾矿物可以将土壤中难溶的磷、钾溶解出来，转变为作物能吸收利用的磷、钾元素，微生物肥料还可以促进作物吸收营养。土壤中还存在一种自生固氮菌类，这些微生物当中的许多菌株，在生长繁殖过程中，能够产生多种植物激素物质，促进作物组织的生长。五是大力推广应用垄膜沟播集雨技术，通过集雨保墒、抗旱保苗、提温促熟、抑制杂草等达到稳产增产的目的。六是积极开展地膜回收利用技术的推广应用，保护农业生态环境，促进农业可持续发展。

第五章

阴山丘陵区旱作农业技术

第一节　区域概况

阴山丘陵旱作区域属于典型的半干旱地区，主要包括乌兰察布市的四子王旗、察哈尔右翼中旗、察哈尔右翼后旗、商都县、化德县，包头市的固阳县和达尔罕茂明安联合旗，呼和浩特市的武川县，锡林郭勒盟的太仆寺旗和多伦县，总面积约4.17万km^2，统计耕地面积99.53万hm^2，占内蒙古自治区20%以上（根据1993年内蒙古自治区土地详查实际耕地面积为150.06万hm^2）。

自然气候条件较差，年平均气温1.5～3.7℃，其中最热月7月为17.1～20.7℃，最冷月1月为–16.1～–14.2℃。≥10℃积温为2039～2687℃·d，80%保证率的积温为1634～2306℃·d。无霜期只有83～109d。

年降水量最南部可达400mm，大部分农区在250～300mm，北部不足200mm。变率为15%～22%，降水集中在夏季，一般占到全年的2/3左右，且多阵性降水，对丘陵旱坡地可造成明显的水土流失。秋季降水占全年16%～22%，春季占11%～15%，冬季只占2%～3%。年蒸发量1993～2752mm，为年降水量的5～11倍。

武川县位于阴山北麓中部，属于该区域的典型代表地区，隶属呼和浩特市。县境东邻乌兰察布市四子王旗、卓资县，南连呼和浩特市新城区、回民区和土默特左旗，西与包头市土默特右旗、固阳县相衔，北与包头市达尔罕茂明安联合旗接壤。地理坐标在北纬40°47′～41°23′、东经110°31′～111°53′。南部是阴山山脉的中段大青山区，北部地貌呈波状高原。全县总人口17.6万人，其中农业人口13.69万人。全县设3个镇、6个乡、5个社区，93个村委会，964个自然村。县境总面积4885km^2，其中山地占41.9%、丘陵占50.4%、滩川占7.7%，平均海拔高度1600m，海拔最高2327m，最低1240m。气候特点是年平均气温4.2℃，气温日较差冬季最大为13.4℃，夏季最小为12.3℃。历年年平均最高气温11.0℃，年平均最低气温–2.0℃。最热为7月，月平均气温20.0℃；最冷为1月，

月平均气温 –14.0℃。年平均地温 6.5℃，年平均最高地温 25.9℃，平均最低地温 –4.7℃。无霜期日数年平均 110d，历年平均初霜期在 9 月 11 日，历年平均终霜日在 5 月 28 日。历年平均冻土深度 209cm。耕作层（30cm）土壤，平均在 11 月 17 日冻结，3 月 26 日解冻。县境降水的主要气象因素是大气环流带来的海洋水汽，雨量主要集中在夏季。年平均降水量 350mm。按地域划分，东南地区降水量在 300～400mm；西北地区降水量在 200～300mm。全县降水量年内分配不均匀，冬春雨雪少，春旱较重。6—8 月，夏季雨量占全年降水量的 55%～66%，春秋季占 18%～21%，冬季仅为 2%～4%。水资源由地表水、地下水和过境水流形成，总储量 87.62 亿 m^3，可开采量为 1.06 亿 m^3/年。

以武川县为代表的阴山丘陵区，该区域资源丰富，有一定的发展潜力和比较优势。一是有广阔的土地资源，阴山丘陵区耕地面积 99.53 万 hm^2，天然优质草牧场 260 多万 hm^2，其中有锡林郭勒大草原、杜尔泊特大草原、乌兰帝布大草原、达尔罕茂明安联合旗辽阔的天然草原，以及淖尔梁天然牧场，为内蒙古自治区极少见的高山湿地，林地 224 万亩，森林覆盖率 15.4%。二是有独特的农副产品资源，主要农作物有马铃薯、小麦、莜麦、荞麦、豆类、油料等，其中马铃薯、莜麦、荞麦在国内外市场均享有盛誉。武川莜面，风味独特，畅销全国；武川荞麦，粒大质优，享誉国际市场；乌兰察布马铃薯和呼和浩特市武川马铃薯以其卓越的品质走红大江南北，2004 年，武川县被"中国·新西部高层论坛"命名为"中国马铃薯之乡"，2008 年北京奥运会特供食品；2008 年被国家质检总局批准为"国家级绿色马铃薯种植标准化示范区"。三是有优越的人文优势。武川县自北魏建镇以来已有 1600 余年的历史，文化底蕴深厚，为北魏北周文化、隋唐文化、白道文化的发祥地，素有"帝王之乡"的美誉，同时也是著名的革命老区。县境内有井尔沟、大青山抗日根据地遗址，已开发的哈达门国家森林公园、李齐沟、得胜沟旅游区，都是休闲旅游的好景点。抗日战争时期，武川是大青山抗日游击根据地的中心地带，根据地司令部遗址被中宣部命名为全国 19 个爱国主义教育示范基地之一。四是有明显的区位优势。104 省道、101 省道、呼百（呼和浩特—百灵庙）、呼武（呼和浩特—武川县）公路纵通南北，集固（乌兰察布市集宁—包头市固阳）公路横贯东西，全县 9 个乡镇都有直达柏油路。县政府所在地可可以力更镇（简称可镇），南距呼和浩特市 26km，是首府通往二连浩特、满都拉口岸的必经之地，自古以来是商贸军旅的重要站台，区位优势十分明显。

武川县每年农作物播种面积 99 万 hm^2 左右，其中水浇地 30 万亩，年农业用水量占水资源总量 88.92 亿 m^3 的 0.47% 左右。粮食产量在 21 万～25 万 t，属产粮大县。

马铃薯产业：每年播种面积稳定在 60 万亩左右，年产鲜薯 5 亿 kg 左右，其中 1.5 亿 kg 左右非商品薯用来加工淀粉。种植品种主要有克新一号（40 万亩左右）、弗乌瑞特（11 万亩左右）、夏坡蒂（6 万亩左右）、康尼贝克（3 万亩左右）。2015 年生产试管苗 3000 万株，微型薯 6000 万粒，原种生产基地 1.5 万亩，一级种薯生产基地 20 万亩。目前县内有种薯制种企业 6 家。全县累计完成 57.11 万 t 无公害马铃薯产地认证，40 万 t 马铃薯获绿色食品认证，4 万亩马铃薯获得有机产品认证。2004 年，武川县被首届"中国·新西部高层论坛"命名为"特色经济最佳县""中国马铃薯之乡";2007年,经国家工商行政管理总局商标局审定,"武川土豆"产地商标成功注册;2008年,"武川土豆"成为北京奥运会、残奥会独家特供产品。马铃薯加工企业5家,年设计加工能力40万t,主要产品为淀粉。

食用菌产业:食用菌产业起步于2008年,经过8年的建设,初步形成了以耗赖山乡为中心,以上秃亥乡、哈乐镇等乡镇为节点食用菌生产格局。全县建成食用菌大棚3048棚,种植品种主要有滑子菇、姬菇、平菇、鸡腿菇、猴头菇、黑木耳等。2013年成功注册"塞上蒙菇""阴山蒙菇",进一步提升了武川特色农产品的知名度。"塞上蒙菇"和"阴山蒙菇",远销北京、上海、山东等地,市场供不应求。

肉羊产业:按照打造养羊大县的战略目标,依托当地自然资源优势,狠抓养羊产业。据统计2015年6月末肉羊存栏1015240只。从事肉羊养殖的专业合作社达203个,正规定点屠宰加工的企业6家,日屠宰加工羊3500只。

草产业:依托牧草补贴项目和京津风沙源治理工程的实施,强力推进草产业发展。截至目前,全县完成土地流转种植多年生牧草30万亩。种植品种以紫花苜蓿为主,同时引进种植苏丹草、批碱草、新麦草、加拿大冰草等。

莜麦产业:武川县莜麦种植品种主要有燕科1号、燕科2号、草莜1号、花早2号等,种植面积每年在20万亩左右,年产量2000万kg。县内有莜麦粉加工厂15家,年加工能力3000t。目前,全县1.47万t莜面取得无公害产品认证,1.2万t莜麦获得绿色食品A级证书,2万t莜面粉取得绿色食品认证。2005年,武川莜麦被中国农产品安全中心认证为无公害农产品;2008年,武川莜麦原产地域商标经国家工商行政管理总局商标局审核批准并成功注册。武川莜面久享盛誉,有"燕麦之乡"的美称,闻名遐迩,深受消费者的青睐。

小麦产业:全县种植面积每年在40万亩左右,主要品种为永良四号、蒙麦35,年产量10万t。

另外,葵花播种面积16万亩,平均产量130kg/亩;油菜籽播种面积29万亩,平均产量60kg/亩。

近年来,武川县以"美丽武川、文明武川、幸福武川、法治武川"为目标,依托当地资源优势,打造马铃薯大县、食用菌大县、草业大县、养羊大县,谋求经济效益、生态效益和社会效益,财政收入和城乡居民收入水平有了大幅度提高,经济建设和社会事业发展态势良好。

2014年,全县经济社会继续保持了快速、协调、健康发展的良好势头,三次产业比例调整为8.7:54.7:36.6,产业结构进一步趋于合理。全县地区生产总值完成83亿元,农业占GDP比重12.7%,规模以上工业增加值完成20.5亿元,固定资产投资完成56.2亿元,城镇居民人均可支配收入完成20115元,农民人均纯收入完成5989元,社会消费品零售总额完成10.5亿元,财政收入完成2.45亿元。

第二节 制约因素及存在问题

武川县总面积4885km², 耕地面积220万亩, 其中水浇地31万亩, 旱耕地占总耕地面积的91%, 旱地产值占种植业产值的86%以上, 是典型的旱作农业大县。近年来, 随着旱作新技术的推广应用, 旱耕地生产能力得到不断提高, 但自然条件严酷、生态环境脆弱, 基础设施落后, 产量低而不稳, 产能效益低下, 仍然是旱作农业的基本特征。因此加强旱作农业建设, 促进旱作农业发展, 对当地农业发展有着重要意义。

一、自然条件差

(一) 干旱缺水是制约旱作农业发展的首要因素

干旱缺水主要由三个原因形成。一是自然降水少, 该区域地处内蒙古自治区中部, 阴山丘陵区, 属中温带大陆性气候, 属干旱半干旱地区, 年降水量300～350mm, 降水量少, 勉强维持农作物存活, 农作物亏水20%～70%, 生长发育受到严重制约, 十年九旱、年年春旱是当地降水的基本特点, 2005—2011年连续7年降水量在300mm以下, 特别是2007年, 全年降水223.4mm, 农作物近乎绝收。2015年整个8月降水18.7mm, 严重影响了农作物产量。二是自然降水利用率低, 主要表现在坡梁旱地降水形成地表径流流走, 据研究自然降水的10%～15%以径流形式流走。三是地下水储量少, 农田灌溉用水浪费严重。武川县地下水总储量87.62亿m³, 可开采量为1.06亿m³, 地下水总储量和可开采量特别少, 而且节水灌溉设施不够健全, 地下水利用率低。

(二) 气候冷凉, 无霜期短

该区域位于内陆高原地区, 年平均气温4.2℃, 年≥5℃积温2429.5℃, 无霜期110d。气候冷凉, 无霜期短, 只能一年一作, 而且只能种植生育期较短的喜冷凉作物, 农作物产量偏低。

(三) 坡梁旱地、沙质土壤, 有机质含量低

该区域耕地土质主要以轻壤土和沙壤土为主, 平均有机质含量为19.2g/kg, 有机质含量偏低, 由于山丘区地形起伏较大, 加之多暴雨和大风的特点, 使旱耕地土壤的水蚀、风蚀极为严重, 造成大量水土流失, 形成跑水、跑土、跑肥的"三跑田", 土层变薄, 砾石增多, 土壤肥力下降, 旱耕地水土流失面积达152万亩, 占旱耕地面积的69.7%, 坡梁地

水土流失严重，有机质及其他营养元素含量下降速度加快，导致农作物产量低而不稳。

二、基础设施薄弱

（一）旱坡地改造工作严重滞后

该区域约 2/3 的旱地是坡度在 3°～15° 的坡耕地，而土地的坡度是造成旱耕地干旱、贫瘠的重要原因。自然降水在坡耕地上容易形成地表径流，使本来不足的自然降水随地表径流流走，自然降水利用率下降；在自然降水流走的同时，还带走了耕作层的土和肥，又使本来贫瘠的坡梁地越种越贫瘠。同时长年累月的地表径流使坡耕地上形成自然冲沟，冲沟越冲越大，使土地失去耕作性。旱坡地改造是保土保肥保水培肥地力的根本措施，通过旱坡地的平整改造，减少地表径流，大幅度提高自然降水利用率，同时可控制自然降水在农田中形成自然冲沟，保护土地，使"三跑田"变成保土、保水、保肥的"三保田"。20世纪 90 年代中后期武川县实施旱作农业工程，大搞等高田建设，取得很好的建设效果，此后大规模的旱坡地改造工作基本没有开展，旱坡地处于自然耕作状态，不但不进行土地改造，而且只种不养，风蚀沙化、水土流失日趋严重，土壤肥力不断下降，甚至撂荒。

（二）地下水开发过度，农田灌溉浪费严重

近年来随着政府对水利设施建设投入加大和土地流转的增加，地下水开发速度明显加快，致使地下水位下降严重，20 世纪 90 年代打深井最深 90m，现在都在 150m 以上，很多浅水井出水量大幅度下降甚至干枯，地下水再开发空间大幅缩小。在农田灌溉过程中由于节水灌溉设施不够健全，对水资源的浪费特别严重，限制了灌溉面积发展。

（三）农业科技发展滞后，农民发展生产的能力不强

科技教育是立业之本，科技教育不但能够提高人的职业技能，还可以开发创业思维，激发创业激情。当前农民科技教育明显滞后，系统的职业教育很少，农民培训也是以生产技术为主，而且蜻蜓点水收效甚微，特别是对青年农民系统的专业教育缺失，导致农民生产技能缺乏，仍然延续着粗放经营的种植模式，特别是发展生产的思想和理念落后，没有创新发展意识和激情，年轻农民宁肯打工为生，也不在农村发展，广阔的土地资源闲置浪费没有开发利用，是旱作农业区产业发展重要限制因素。

三、农村劳动力转移，旱坡地处于半弃耕状态

旱坡地产出低，种植效益不高。在过去，土地作为农民唯一生产资料的时候，旱耕地

受到农民普遍重视，小农户虽然不进行大规模的土地改造，但有机肥投入，耕翻锄草边种边养，使旱坡地得到一定的保养。近年来，随着农村劳动力大量转移，农民的经济收入由单一的种地收入转变为打工经商等多项收入，种地成为副业，旱坡地得不到应有的重视，从而遭受掠夺式经营，农民种地不养地，能种则种，不能种则弃，管种不管收，能收多少是多少，不收也无所谓，甚至撂荒，特别是山区和西部区，撂荒面积特别大，通过几年的撂荒，土地水土流失、风蚀沙化、杂草丛生，最终失去耕作能力，由坡地变成荒坡，整个旱坡地处于半弃耕状态。

四、小农户经营组织化程度低，制约了农业产业的发展

该区域的农业产业仍然以小农户经营为主，这种经营模式在改革开放 40 多年来，适应社会主义市场经济体制，符合农业生产特点，极大地调动了农民的生产积极性，解放和发展了生产力，为改革开放以来农村发展和农民生活水平提高提供了坚实的制度基础。当前该区域的农业产业进入了一个新的发展时期，确立了新的发展目标，就是发展现代农业，而小农户经营模式严重制约了农业产业的发展，主要表现在以下几个方面：一是投入能力不足。小农户有限的投入能力只能勉强维持当年的生产投入，如种子、化肥、农药和小型的农机具，没有土地治理、水利设施等投入能力。二是小农户经营模式不利于耕地的规模化治理和水利设施建设。三是不利于农业新技术的推广以及大型农业机械应用；四是不利于农产品的统一生产和集中上市。

五、粗放耕作，科技含量低

（一）农业新技术应用水平低，耕作粗放

近年来农业新技术推广力度大、速度快，但存在技术应用不均衡现象，产值高的水浇地，由于农户重视，新技术应用多；相反，产能低的旱坡地，农民不够重视，新技术应用就少。主要表现在以下几个方面：一是由于缺水和坡梁地形限制了部分新技术的应用；二是由于旱耕地产出低，农户投入积极性不高，因而旱坡地新技术应用少，耕作粗放。

（二）有机肥用量少，化肥用量大且种类单一，土壤有机质含量下降，板结加重

据调查，全县种植户中，旱地使用有机肥的占 22.7%，且全部集中在马铃薯种植中，其他作物基本不使用有机肥，有机肥使用量小于 1000kg/亩的占 88.8%，土壤中有机质补充不足，有机质含量下降严重。而化肥使用占种植户的 90% 以上，由于长期大量使用化

肥且种类单一，导致土壤理化性质恶化，土壤容重增加，孔隙度下降，板结加重，严重影响农作物根系的正常生长。

（三）小型农机具耕作，犁底层浅土层薄

由于小农户使用的耕作机具大都是 20 马力[①]以下的小型拖拉机，耕翻深度不足 20cm，加之风蚀沙化，导致旱坡地耕作层土层浅薄，根系密集层抬高，严重影响根系对土壤深层水分和营养物资的吸收利用。

第三节　技术推广现状

旱作农业是指无灌溉条件的半干旱和半湿润偏旱地区，主要依靠天然降水从事农业生产的一种雨养农业。在相当长一段时期里，我们的农业研究重点在水浇地，而相对忽视对旱地农业增产技术的改进。武川县由于受水资源的限制，灌溉面积的继续扩大能力有限，因此十分重视旱地增产技术的改进。旱作农业技术推广现状（核心技术和集成技术）如下。

一、核心技术

（一）推广使用良种技术

近年来国家加大对马铃薯、小麦、玉米良种补贴的实施力度，2015 年全县完成马铃薯良种补贴 850 万元，完成小麦、玉米良种补贴 410 万元。在良种补贴项目的推动下，结合武川县气候条件、水肥条件，全县马铃薯播种面积 46 万亩，主栽品种有克新一号、弗乌瑞特、夏坡蒂、康尼贝克等；小麦播种面积 41 万亩，主栽品种永良四号；莜麦播种面积 20 万亩，主栽品种燕科 1 号、燕科 2 号、草莜 1 号、花早 2 号等。良种推广有效提高了作物的抗病性和单产，马铃薯亩均增产 30% 左右，小麦、燕麦亩均增产 15% 左右。

（二）推广全程机械化种植技术

2015 年全县拥有各类拖拉机 15423 台（套），配套机具 24640 套，完成农机购置补贴资金 1100 万元。全县机械化种植面积 175 万亩，占总播种面积 200 万亩的 87.5%。

---

① 1 马力约为 735W，全书同。

（三）推广使用先进播种技术

1. 抢墒播种

表层干土2cm左右厚，耕层土壤含水量在20%左右时，为了避免失墒，可在适合播种期前10d左右播种，小麦、玉米播种主要采取这种推广技术。

2. 晒种催芽趁雨播种

将精选好的种薯放置在10～15℃室内催芽，每隔2～3d翻动一次，不使种薯见光，待芽眼处露白芽顶出，散摊于室中地上，见散射光（不让阳光直射），上下翻动1～2次，使薯块见光均匀，5d左右把炼芽薯块置于阳光直射处，上下翻动1～2次，再严格精选一次。当幼芽长到0.5～1cm变成绿色或紫绿色，即可切薯播种。马铃薯播种主要采取这种技术。

（四）轮作倒茬制度

马铃薯是最忌连作的作物，但受市场利益的驱动，广大农户种植马铃薯的积极性大，不愿倒茬种植，最长的能连种4～5年，严重制约马铃薯产业的发展。结合草业大县的建设和武川县耕地面积的实际，每年马铃薯播种面积控制在60万亩以内，以便满足倒茬需求。与马铃薯轮作的作物主要有小麦、莜麦、油料作物等。

（五）测土配方施肥技术

测土配方技术是以土壤测试和肥料田间试验为基础，根据作物需肥规律、土壤供肥性能和肥料效应，在合理施用有机肥料的基础上，提出氮、磷、钾及中、微量元素等肥料的施用数量、施肥时期和施用方法。核心是调节和解决作物需肥与土壤供肥之间的矛盾，有针对性地补充作物所需的营养元素，作物缺什么元素就补充什么元素，需要多少补多少，实现各种养分平衡供应，满足作物的需要，达到提高肥料利用率和减少用量，提高作物产量，节支增收的目的。从2008年以来，武川县共采集土壤、植株样品8000个，分析化验土壤各种理化指标和植株养分总计72100项次，其中土壤大量元素24920项次、中微量元素25400项次、其他项目14830项次、植株养分6950项次；完成了13000份采样地块基本情况和农业生产情况的调查。在马铃薯、油菜籽两种主要作物上布置"3414"肥料小区试验100个，根据试验结果建立并完善了不同作物的施肥指标体系，通过触摸屏就能推算出施肥量。农户对测土配方技术的知晓率达95%以上，使用率90%以上。2015年推广测土配方施肥面积总计150万亩（马铃薯60万亩，小麦40万亩，其他作物50万亩），其中施用配方肥面积110万亩，受益农民达2.3万户。使用测土配方施肥这一技术改变了农户"一炮轰"的施肥方式，分次分期施肥趋势明显，作物的增产效果十分明显，马铃薯平均增产20%左右，小麦、向日葵增产15%左右。

（六）节水灌溉技术

武川县节水灌溉技术措施主要是喷灌、微灌、滴灌。

1. 喷灌

喷灌是由管道将水送到位于田地中的喷头中喷出，可分为固定式和移动式。实施面积10万亩左右，主要应用于马铃薯、小麦等作物。

2. 微喷

微喷灌是利用折射、旋转或辐射式微型喷头将水均匀地喷洒到作物区域的灌水形式。微喷灌的工作压力低，流量小，既可以定时定量地增加土壤水分，又能提高空气湿度，调节局部小气候，广泛应用于马铃薯、小麦。

3. 滴灌

滴灌是将水一滴一滴地、均匀而又缓慢地滴入植物根系附近土壤中的灌溉形式，滴水流量小，水滴缓慢入土，可以最大限度地减少蒸发损失，如果再加上地膜覆盖，可以进一步减少蒸发，滴灌条件下除紧靠滴头下面的土壤水分处于饱和状态外，其他部位的土壤水分均处于非饱和状态，土壤水分主要借助毛管张力作用入渗和扩散。实施面积5万亩左右，主要应用于马铃薯、小麦等作物。

（七）旱作覆膜技术

武川县降水量偏少，年均350mm左右，全县200万亩耕地，保灌田仅为20万亩，占10%，加之武川县气候冷凉，无霜期短，为此，必须积极推进旱作覆膜保墒增温技术。此项技术主要用于向日葵、马铃薯等作物，2014年地膜使用量为700t，2015年使用地膜875t，有效提高了地温，促进产品早上市，作物的增产效果十分明显，马铃薯平均增产20%左右，小麦、向日葵增产15%左右。

（八）等高田建设技术

为了改善雨养农业地区坡地的生产性能，减少地表径流，提高土地接纳雨水的能力，提高降水的利用率，在原有的旱作农田中坡度在3°～10°的地块中进行等高田建设实现等高种植。

主要技术工艺为沿等高线筑埂，埂的规格为80cm（底宽）×50cm（埂高）×25cm（顶宽），然后用定向翻转犁向下坡方向耕翻，3～5年后达到水平，成为坡式梯田。将原来跑土、跑水、跑肥的"三跑田"，变保土、保水、保肥的稳产田，大大降低了地表径流，小到中雨地表径流降为零，大雨地表径流减少40%以上，降雨利用率明显提高。如马铃薯由目前的2.5kg/（mm·亩）提高到3.5kg/（mm·亩）。全县建设成等高田10万亩左右（表5-1）。

表 5-1　丘陵坡地等高田的规范化设计

坡度（°）	田埂高度（cm）	理论田面宽度（m）	实际田面宽度（m）
3～4	50	11.4～15.5	12～15.6
5～6	50	7.6～9.2	8.4～9.6
7～8	50	5.8～6.6	6.0～7.2
9～10	50	4.6～5.1	4.8～6.0

（九）带状间作技术

为了减少阴山北麓冬春季裸露农田的土壤风蚀，在旱作农业地区实施带状间作，可有效防止裸露农田土壤风蚀，马铃薯是阴山北麓丘陵区的主栽作物，种植面积较大，且马铃薯种植收获各环节都需要耕翻土地，这就和保护性耕作基础工艺形成了矛盾，为此，设置马铃薯与条播作物带状保护田，技术原理是利用条播作物冬春季留茬，保护马铃薯裸露农田，既起到留茬保护作用，又解决轮作倒茬和施用有机肥的保护性耕作难题。根据对武川县长期试验研究结果进行对比分析，带状间作秸秆作物种植带为马铃薯带的2倍，便于当地习惯的轮作制。一般条播作物带宽10～20m，马铃薯带宽5～10m。采用留茬保护对提高土壤含水量、减少土壤风蚀、增加积雪留存等方面都有一定的影响。可提高土壤含水量1%左右；减少土壤风蚀，特别是粒径≤45μm的土粒，减少风蚀30%；通过监测，降水量为5mm的降雪，留茬15cm的向阳地块增加留存时间3～5d，背阴地块增加留存时间15～20d。

二、综合集成技术

（一）马铃薯"两增五推"为核心的技术推广

两增：一是增施有机肥技术，以当地的农家肥为主，亩施有机肥3m³；二是增加种植密度，平均由2600亩/株增加到2800株/亩。五推：一是推广选用脱毒优良品种，以克新一号、费乌瑞它、夏普蒂、冀张薯8号、康尼贝克、中17等脱毒种薯为主推品种；二是推广旱作地膜覆盖，主要使用可降解的农膜，减轻白色污染，实施面积达年均8万亩左右；三是推广测土配方施肥技术；四是推广全程机械化栽培技术；五是推广病虫草综合防治技术等。

此项栽培技术主要用于马铃薯，实施面积为55万亩左右，占播种面积60万亩的91%。综合效益十分明显，改变了农户的常规施肥方式，重氮肥轻钾肥问题得到解决，合理配比施肥成为常态，作物增产效果明显，马铃薯平均增产30%左右。

（二）莜麦"一早三改"技术的推广

一早：选用早熟品种。三改：改秋耕为免秋耕或播前耕，改早播为晚播，改稀植为密植。此项栽培技术主要用于莜麦，实施面积 10 万亩左右，增产 15% 左右。

（三）水肥一体化技术的推广

将灌溉水通过田间渠道或管道输入田间，同时将肥料伴随灌溉施入田间的技术。目前主要有喷灌、滴灌等几种方式。全县水田约 30 万亩，其中喷灌 15 万亩左右，滴灌 12 万亩左右，其他灌溉 3 万亩左右。主要为种植马铃薯 15 万亩左右、向日葵 10 万亩左右、小麦 5 万亩左右。

（四）全膜覆盖集雨沟播（侧播）技术

武川县地处阴山北麓农牧交错带，干旱风大是这一地区的主要气候特点，常年降水量 350mm 左右，年蒸发量 2200mm 以上。播种耕地以旱作为主，只有少数乡镇地处相对地下水富足区域，水浇地面积不足 30%，而绝大多数地区属雨养农业区。近年来，引进推广全膜覆盖集雨沟播技术，该技术适用于干旱半干旱地区，大、小行距穴播作物（向日葵、玉米、马铃薯）。向日葵、玉米可覆膜、施肥同步进行播种作业，马铃薯采用人工沟侧播种。大行距 900mm，小行距 400mm，向日葵株距 460mm，亩定植 2200株；玉米株距 260mm，亩定植 4000 株；马铃薯株距 340mm，亩保苗 3000 株。通过全膜覆盖集雨沟播（侧播）技术的应用，可将 3～5mm 的无效降雨，集中后通过播种孔渗入，变成有效降雨；防止土壤蒸发，蒸发量可减少 70% 以上；全膜覆盖可抑制膜下一年生杂草的生长，只有膜上覆土层降雨后有少量的杂草发生；5～10cm 地温可提高 1℃左右，增加积温 100℃·d 以上；通过增加积温，提早向日葵、玉米开花期 3d，提早成熟 5d；增加产量、产值。该技术的应用可平均提高产量 10%～30%，增加收入 30～120 元/亩。

第四节　主要技术模式

一、等高田建设技术模式

为了提升阴山丘陵旱作区坡耕地的综合生产性能，减少地表径流，提高土地接纳雨水的能力与降水利用率，在原有的旱作农田中坡度在 3°～10° 的地块中进行等高田建设实现等高种植。

(一)技术工艺

等高田建设首先沿等高线筑埂，埂的规格为80cm（底宽）×50cm（埂高）×25cm（顶宽），然后用定向翻转犁向下坡方向耕翻，连续定向耕翻3～5年，形成坡式梯田。再配合机械深松、测土配方施肥、良种良法、病虫害综合防治等措施。将原来跑土、跑水、跑肥的"三跑田"，改成保土、保水、保肥的稳产田。

(二)确定埂间距

埂间距的确定，主要根据地面坡度，土层厚度和机械化作业宽带的要求而定。其标准是等高田达到水平后，挖方部位田面以下要保证40～50cm厚的土层。计算埂间距公式如下：

$$D = 500H^2/R \times B \times \mathrm{tg}A$$

式中，D 为埂间距（m）；H 为埂高（cm）；R 为最大降雨过程的降水量（mm）；B 为径流系数；A 为坡度（°）。

根据武川县建设等高田的实践经验，埂间距可以参照下表确定（表5-2）。

表5-2 丘陵坡地等高田的规范化设计

坡度（°）	田埂高度（cm）	理论田面宽度（m）	实际田面宽度（m）
3～4	50	11.4～15.5	12.0～15.6
5～6	50	7.6～9.2	8.4～9.6
7～8	50	5.8～6.6	6.0～7.2
9～10	50	4.6～5.1	4.8～6.0

(三)定向耕翻

田埂筑好后，用定向翻转犁向下坡方向耕翻，一般3～5年，就将原来的坡耕地，改为坡式梯田。

(四)主要技术参数

通过等高田建设，有效降低了地表径流，一般能够基本控制小到中雨的地表径流，大雨地表径流减少40%以上。降雨利用率明显提高，在马铃薯上可以使降水利用率从2.5kg/（mm·亩）亩提高到3.5kg/（mm·亩）。

二、带状间作轮作技术模式

为了减少阴山北麓冬春季裸露农田的土壤风蚀，在旱作农业地区实施作物带状留茬间作轮作，可有效防止裸露农田土壤风蚀，特别是对阴山北麓丘陵区的主栽作物马铃薯裸露农田冬春季的风蚀问题有良好作用，目前马铃薯种植面积较大，播种、中耕和收获等环节都需要耕翻土地，风蚀沙化严重，为此，设置马铃薯与条播作物带状保护田，技术原理是利用条播作物冬春季留茬，保护马铃薯裸露农田，既起到留茬保护作用，又解决轮作倒茬和施用有机肥的保护性耕作难题。

为使此项技术得到有效推广应用，制定如下的技术模式。

（一）技术工艺

条播作物与马铃薯带状间作，确定条播作物带宽 10～20m，马铃薯带宽 5～10m，带田东西排列、南北走向。

第一年，条播作物与马铃薯带状间作（条播带免耕播种秸秆作物，马铃薯带播种马铃薯）——化学除草（或机械、人工辅助锄草）——条播作物联合收割机或割晒机收获留高茬。

第二年，条播带免耕播种条播作物和马铃薯，马铃薯带播种条播作物。对连作的条播作物田进行土壤容重测定，土壤容重达到 $1.5g/cm^3$ 时，进行机械深松。

（二）带宽确定

因阴山北麓地貌为低山丘陵区，冬春季间风大是这一地区的主要气候特点，确定带宽要根据农田位置进行，丘坡间低洼地块带宽可适当放宽，丘坡顶带宽要小。

根据对武川县长期试验研究结果进行对比分析，带状间作秸秆作物种植带为马铃薯带的 2 倍，便于当地习惯的三三轮作制。一般条播作物带宽 10～20m，马铃薯带宽 5～10 米。

（三）带状排列方向

根据北方地区冬春季西偏北风为主，带状间作确定种植带的方向为南北种植，种植带东西排列，使风垂直吹过种植带。

（四）留茬高度

密植条播作物留茬高度 15～20cm，疏播高秆作物，留茬高度 30～35cm。

（五）深松深耕

对于连续留茬的免耕地块要监测土壤容重，当容重大于 1.5g/cm³ 时应进行深松或深耕。

（六）应用效果

根据中国保护性耕作在武川县的研究试验结果，采用留茬保护对提高土壤含水量、减少土壤风蚀、增加积雪留存等方面都有一定的影响。

可提高土壤含水量 1% 左右。

减少土壤风蚀，特别是粒径 ≤ 45μm 的土粒，减少风蚀 30%。

通过监测，在降雪 5mm 的条件下，留茬 15cm 的向阳地块积雪比对照留存时间增加 3～5d，背阴地块留存时间增加 15～20d。

三、全膜覆盖沟播（侧播）抗旱集雨技术模式

针对武川旱作区域干旱保苗难与降水不足、产量低的根本问题，应用推广旱地垄膜集雨机械化播种核心技术及配套品种、施肥等措施的集成技术。武川县水浇地面积不足 30%，绝大多数地区属雨养农业区。近年来，引进推广全膜覆盖集雨沟播技术，为使此项技术得到有效推广应用，特制定该技术模式。

（一）适用范围

该技术适用于干旱半干旱地区，大行距穴播作物（向日葵、玉米、马铃薯）。

（二）选地

选择地势相对平坦，田面坡度小于 3° 的地块进行，或田面坡度 3°～5° 的地块要等高种植地块。田面坡度大于 5° 和小于 3° 顺坡种植的地块不适宜应用该技术。

（三）整地

选好地后进行灭茬耕翻，机械灭茬后进行耕翻，耕翻深度 30cm，耙耱旋耕后待覆膜。

（四）机械开沟覆膜

整地完成后，采用全覆膜专用播种机进行机械覆膜，地膜规格 1300mm×0.008mm 以

上普通地膜、蓝光地膜和黑色地膜。向日葵、玉米使用普通地膜或蓝光膜，马铃薯用黑色地膜。

调整机具的作业质量，覆膜时开沟 5～8cm，覆土要均匀，保证将地膜压实，而且保证地膜和地膜相接，确保实现地膜全覆盖。

（五）播种

向日葵、玉米可和覆膜、施肥同步进行播种作业，采用单粒精量播种机随开沟覆膜一起进行播种，一次性完成开沟起垄、垄上覆膜、垄下施肥、垄沟播种、覆土镇压等作业。马铃薯采用人工沟侧播种。大行距 900mm，小行距 400mm，向日葵株距 460mm，亩定植 2200 株，玉米株距 260mm，亩定植 4000 株，马铃薯株距 340mm，亩保苗 3000 株。

（六）施肥

施用以基肥为主，配合种肥进行，并采用与种子分层施用的方式，其中氮肥应包括缓释尿素和普通尿素相结合的方式施用，缓释肥料应占到总氮肥量的 50% 以上，磷钾肥采用颗粒状单质肥或复合肥一次施用。

（七）主要技术效果

1. 集雨

通过全膜覆盖集雨沟播（侧播）技术的应用，可将 3～5mm 的无效降雨，集中后通过播种孔渗入，变成有效降雨。

2. 保墒

防止土壤蒸发，蒸发量可减少 70% 以上。

3. 灭草

全膜覆盖可抑制膜下一年生杂草的生长，只有膜上覆土层降雨后有少量的杂草发生。

4. 升温

通过全膜覆盖，5～10cm 地温可提高 1℃ 左右，增加积温 100℃·d 以上。

5. 提早成熟

通过增加积温，提早向日葵、玉米开花期 3d，提早成熟 5d。

6. 增加产量、产值

该技术的应用可平均提高产量 10%～30%，增加收入 30～120 元/亩。

第五节　技术规程

一、水地小麦栽培技术规程

目标产量：亩产 400kg。产量结构：亩穗数 42 万～45 万，穗粒数 23～24 粒，千粒重 40g 以上。

（一）抓好"三秋"，打好基础

秋深翻。要选择水肥条件较好，基础产量较高的地块，前作收获后及早深耕整地，深耕 25～30cm。地下害虫严重的地块用药剂进行土壤处理。在深翻的基础上先耙后耱，耙碎坷垃，耱平土地。

秋施肥。结合秋翻每亩施农家肥 3000kg 加 25kg 碳酸氢铵作底肥，如农家肥不足可每亩翻压碳酸氢铵 50kg。

秋、冬汇地。在深翻耙耱的基础上，搂畦刮堰，畦田的大小、畦堰的宽度要根据水源、地形和灌溉条件而定，达到田园化标准。在封冻前，将地汇透、汇好。

（二）选用良种，抓好播种

选用适应性广、抗逆性强、分蘖适中、丰产性能好的中熟品种。主推永良 4 号、永良 12 号、内麦 17 号，搭配内麦 19 号。

精选种子。用精选机选种，提高种子质量和净度。没有精选机的地区应进行风选、筛选。搞好发芽试验。纯度 99%、净重 98%、发芽率在 90% 以上。播种前晒种 2～3d。用种子重量 0.2% 的拌种双拌种，防治黑穗病。在先行药剂拌种的基础上，可选用下列菌剂或微肥拌种：增产菌，每亩 50g；小麦根际固氮菌剂，每亩 500g，晾干后播种，当天种当天拌，不能隔夜；稀土微肥，每亩 200g。上述菌剂兑水喷洒于种子表面后拌匀，晾干后播种。野燕麦多的地块，每亩用燕麦畏 200g 兑水 40kg 于播前 5～7d 地面喷洒。喷洒前先将地耱平，喷药后立即反复耙耱 2 次。

适期早播。当日平均温度稳定在 2～4℃、土壤表土解冻到 6cm 以上即可播种。以 4 月 10 日为好。

播量。以主茎成穗为主，积极推广精量播种。要达到 400kg 的产量，亩穗数应稳定在 42 万～45 万穗的基础上，力争增加穗粒数提高粒重。亩播量 22～23kg。

播种方式。大力推广机播，机型有六行、七行播种机、种肥分层播种机，也有三行、四行播种机。播深 4～5cm，播后复耱或镇压。

结合播种施氮：磷：钾为 16：19：5 的复合肥 50kg/亩或磷酸二铵 30kg/亩。

（三）加强管理，夺取丰收

早浇三叶水，追足坐胎肥，主攻小穗数。小麦进入两叶一心到三叶期浇第一水，结合浇水每亩追施尿素 10kg，如果土地肥力基础好，基肥用量水平高，追 8kg 也可。二阴下湿地可适当推迟头水，进行浅锄松土、灭草增温，促进幼苗生长。

头水后进行细锄。双子叶杂草多的地块，在小麦分蘖后期每亩用 2,4-D 丁酯 100～150g，兑水 40kg 喷洒灭草。

浇好拔节孕穗水，主攻小花数。当小麦第一节间出现后并开始伸长，进行拔节水肥管理。对旺苗要控，推迟拔节水，不追拔节肥。对苗壮苗要适时浇水适量追肥。对弱苗要重水重肥，每亩追施尿素 10～15kg。

防治蚜虫、草地螟、麦秆蝇等地上部害虫。小麦进入拔节期，发现叶面有蚜虫、草地螟或当麦田麦秆蝇虫口密度每网平均达到 0.5～1 头时，用高效氯氰菊酯乳油 1000～2000 倍液，或用 80% 的敌敌畏乳剂 1000 倍液，每亩 40kg 喷洒防治。

为确保小花正常发育、花多、穗大，适时浇好孕穗水。

加强后期管理，主攻粒重。小麦抽穗后，开始进入雨季，要看天、看地、看作物长势适时浇水。天旱缺雨，要适时浇灌。小麦扬花后 7～8d 及时浇好灌浆水，防止青枯早衰，增加粒重。

防治黏虫。抽穗后麦田虫口密度为每平方米平均达到 15 头时，及时进行防治。用"功夫""来福灵"15～20mL，兑水 40kg，或用晶体敌百虫 800 倍液，或高效氯氰菊酯乳油 1000～1500 倍液喷洒防治。

适时收获。以蜡熟中末期收获最好。当麦田植株由绿变黄，中下部叶片变脆、干枯，茎秆还保持有韧性，籽粒变硬，要立即抢收，以防落粒减产。

如留作种子用，在刚进入黄熟期时，应顺垄依次拔杂去劣，而后单打单贮。

二、旱地小麦栽培技术规程

目标产量：亩产 150kg。产量结构：亩穗数 22 万～23 万穗，穗粒数 19～21 粒，千粒重 35～37g。

（一）合理轮作，深耕整地

轮作方式可采取小麦→莜麦（或大麦）→豆类三年轮作制或小麦→小麦→胡麻→马铃薯四年轮作制，有条件的地区可实行种草压青，后作种麦。

在前作收获后立即耕翻，深度20cm以上，以便接纳雨水。耕后及时耙糖1～2次。除起风地外，要进行"三九"碾地1～2次。早春顶凌耙糖，使土壤细碎、平整，上虚下实。播种前要求土壤含水量达到10%以上。

（二）集中施肥，氮磷配合

结合秋翻，每亩施农家肥1000～1500kg，或秋压碳铵25～30kg。播种时，每亩用磷酸二铵4～6kg作种肥。在缺磷较严重的地块每亩可用5～7kg三料磷配合1.5～2kg尿素作种肥。要大力推广种肥分层播种机，达到深旋化肥，种、肥分离，提高肥效的目的，同时防止种肥量大，造成烧苗现象发生。

（三）因地制宜，选用良种

选用抗旱性强，丰产性状好的品种。因地制宜地推广3-15、乌麦6号、内麦9号、乌麦3号。播种前要精选种子，用精选机选种，提高种子净度和质量。种子发芽率达到90%以上。晒种2～3d，用种子重量0.2%的拌种双拌种，防治小麦黑穗病。地下害虫严重的地块，用40%的甲基异柳磷100g兑水3kg拌种50kg防治。

（四）适时播种，提高播种质量

播期。当日平均气温稳定通过2～4℃，土壤表土解冻6～10cm时，即可播种。适宜播期在4月1—10日。

播量。根据土壤肥力、产量指标、种子发芽率和土壤保苗能力等综合因素来确定播种量。一般每亩保苗达到21万～22万株，有效穗达到22万～23万穗，亩播量10～12kg。

播法。推广宽幅机播，播幅10～12cm，行距23～25cm，播深5～6cm，墒情较差应探墒播种。播后及时镇压，以利保墒。

（五）精细管理，夺取丰产丰收

中耕除草。小麦进入分蘖后期，处于拔节期时进行第一次锄草。深度3cm左右。孕穗前进行第二次锄草，深度5～6cm。拔净垄眼大草。有条件时，结合深锄，每亩追施尿素5kg（先将尿素撒在垄背，结合锄草用土埋严）。

旱滩地上若杂草发生严重，可用除草剂防治。野燕麦：用40%的野燕枯每亩200mL兑水40kg，在小麦两叶一心时喷洒防治。双子叶杂草：用2,4-D丁酯每亩100～150g兑水40kg，在小麦4～5叶时喷洒防治。

防治黏虫。当麦田虫口密度每平方米达到15头时，每亩用"功夫""来福灵"15～20mL兑水40kg，或用高效氯氰菊酯乳剂1500～2000倍液喷洒防治。

小麦进入蜡熟中期要及时收获。收获前要进行田间选种，做好品种的防杂保纯工作。

三、水地马铃薯 3000kg/亩栽培技术

目标产量：3000kg/亩。

（一）合理轮作

马铃薯与其他作物合理轮作是调节土壤养分、减少病虫杂草蔓延危害的重要措施。马铃薯适合与禾谷类作物轮作，不宜与茄科作物或块根作物轮作。马铃薯不宜重茬或迎茬，要实行四年轮作制。

（二）选地播种

选择疏松肥沃、土层深厚、排灌方便的沙壤土地块，且井水中含沙量要少。选地要尽量避免盐碱地块，土壤以中性或微酸性为佳。马铃薯的块茎在土壤中形成与膨大时需要排开同体积的土壤，因此栽培马铃薯的土壤要求深耕耙糖平整，一般深耕 30～35cm 为宜。结合整地，亩施腐熟有机肥 2500～3000kg。武川县马铃薯播种一般在 5 月上、中旬，当气温稳定 7℃以上，10cm 处地温稳定在 8～10℃以上时即可播种。选择无大风、无寒流的晴天播种。播前若干旱可浇水提墒。

（三）施足底肥

马铃薯生长需要的营养物质较多，肥料三要素中，以钾的需要量最多，氮次之，磷最少。施足基肥对马铃薯增产起着重要的作用。基肥以腐熟的堆厩肥和人畜粪等有机肥为主，根据当地的土壤养分实测值及目标产量，确定施入合理的氮、磷、钾肥。

（四）种薯处理

1. 正确选用品种

根据当地的气候、土壤、栽培管理水平及市场需求，目前适应本地区种植的品种有紫花白、克新 1 号、费乌瑞它、夏坡蒂、底西瑞、大西洋等。

2. 选用脱毒种薯

由于马铃薯种子退化现象严重，导致品种丧失原有种性和丰产性，因此生产上要使用合格的脱毒种薯，特别是高产田要使用合格的原种或一级种。

3. 种薯选择及处理

种薯在播前 15～20d 出窖要进行严格挑选。选择种薯的标准为：具有本品种典型特

征，薯皮光滑、色泽鲜嫩的幼嫩薯块。选择种薯时，要严格去除表皮皲裂、畸形、尖头、芽眼坏死、生有病斑或脐部黑腐的块茎。

4. 催芽

催芽是马铃薯栽培中一个防病丰产的重要措施。播前催芽，可以促进早熟，提高产量。同时，催芽过程中应淘汰腐烂薯，以减少播种后田间病株率或缺苗断垄现象发生，有利于培育全苗壮苗。

5. 炼芽

待芽眼处露白芽顶出，散摊于室内地上，见散射光（不让阳光直射），上下翻动1～2次，使薯块见光均匀。

6. 蹲芽

把炼芽薯块置于阳光直射处，上下翻动1～2次，再严格精选一次。待幼芽变成绿色或紫绿色，摸上去手感像硬胶皮一样，出芽较整齐，芽长约1cm时即可切块播种。

7. 切种

切种要充分考虑顶端优势，薯块的重量以30～50g为宜，每个薯块上必须有1个以上芽眼，切种时要准备两把切刀，置于5‰高锰酸钾溶液中浸泡或75%的酒精中消毒，每隔一段时间换一把，轮换使用，遇病、烂薯应将其剔除，同时更换切刀或用沸水加少许盐浸泡切刀8～10min，或用3%来苏儿、0.5‰的高锰酸钾溶液浸泡切刀5～10min进行消毒。

8. 拌种

5000kg种薯与35kg滑石粉、1kg科博、1kg甲基托布津均匀混合拌种。

（五）高垄栽培

采用垄作，4行或2行播种机条播。垄高25cm，小行距20cm，大行距90cm，株距为27cm，商品薯亩保苗3500～4500株，种薯亩保苗5000～6000株。播种深度为8～10cm，下种应均匀，覆土厚度一致。

采用起垄地膜覆盖种植，每覆地膜上种植两行，膜上窄行35cm左右，膜外宽行65cm左右，株距27～30cm。

（六）田间管理

1. 合理灌溉

马铃薯从播种到生长后期，土壤的相对湿度不能低于65%。出苗后30d内土壤湿润深度保持在15～25cm，需水高峰通常在播种后的60～90d。马铃薯整个生长季节需水量十分巨大，应根据土壤墒情、天气、适时灌溉，盛花期达到最大值，块茎膨大期始终保持植株水分充足，直到下一次灌溉开始，此时期应频繁灌溉，以使土壤水分满足植株的需求。土壤湿润深度 40～50cm。在马铃薯生长晚期（淀粉积累期），灌溉间隔的时间可以拉长，滴灌土壤湿润深度达 30cm。最后一次灌溉在杀秧前，土壤相对湿度 60%，以保证块茎的品质及成熟度。沙性土收获前 1 周停水，黏壤土收获前 10～15d 停水。本次灌溉应确保地块松软，易于收获。

2. 中耕培土

中耕培土使结薯层土壤疏松通气，利于根系生长、匍匐茎伸长和块茎膨大。出苗前如地面板结，应进行松土，以利出苗。齐苗后及时进行第一次机械中耕除草，覆土灭草。培土时滴灌管应处于滴灌状态，以防止培土将滴灌管压扁，影响以后正常滴灌。现蕾时，进行第二次机械中耕除草，覆土灭草，并结合培土，两次培土厚度不超过 10cm，以增厚结薯层，避免薯块外露，降低品质。对于机械中耕培土漏培的地头边角要进行人工除草、培土。

3. 合理施肥及追肥

基肥：根据武川县土壤氮、磷、钾含量测定，及田间肥效试验结果，武川县马铃薯平衡施肥氮、磷、钾总有效含量为 45%，氮∶磷∶钾为 13∶15∶17，根据产量指标（3000kg/亩）计算，每亩需要以上含量的复合肥 80～100kg。确定施肥量后，一般是将肥料的 2/3 在播种前撒施于地表面，之后耙地或旋耕，将肥料混入 20cm 内的土层中。剩余 1/3 在第一次中耕时施入。

追肥：马铃薯整个生育期需要追施尿素 30kg 左右，硫酸钾 10kg 左右，即幼苗期（苗高 10cm）亩追尿素 5kg；现蕾期（苗高 20～25cm）亩追施尿素 10kg；开花前（即将开花）亩追施尿素 15kg。盛花期和生长后期每次每亩追施硫酸钾 5kg。也可用磷肥或结合微量元素进行叶面喷施。

配方肥："齐华"马铃薯专用配方肥，亩施一袋（100kg）作基肥，追肥同上。

4. 防治病虫害

（1）地下害虫防治。为害马铃薯的地下害虫主要有地老虎、金针虫、蛴螬，防治措施：药剂拌种推荐药品为高巧、苗盛；土壤处理推荐药品有乐斯本、毒死蜱颗粒剂、辛硫磷颗粒剂及乳油。

（2）蚜虫、草地螟、斑蝥等茎叶害虫的防治。发现地上茎叶害虫可用高效氯氰菊酯、毒死蜱、吡虫啉、蚜无踪等叶面喷雾防治，也可在喷杀菌剂的同时配合喷施杀虫剂。

（3）早、晚疫病的防治。早、晚疫病是水浇地马铃薯的重要病害，特别是喷灌更容易发生，所以要特别注意防控。一般从 7 月初开始至 8 月底结束，需要喷杀菌剂 6～8 次，打药间隔期为 7～10d，一般开始间隔长，生长中期间隔短，生长后期间隔再长。为了降低成本，提高防治效果，保护剂和杀菌剂交替使用，杀菌剂有安泰生、克露、大生、金雷多米尔、银法利等。

近几年马铃薯黑痣病、枯萎病、疮痂病也有加重发生趋势，要加强农业防治和化学防治措施，控制病害发生。

（七）杀秧、收获

成熟后尽快杀秧使薯皮加速木栓化，减少收获、运输过程中的薯块破皮和机械损伤，进而减少贮藏期薯块腐烂损失。杀秧方法：可用杀秧机机械杀秧，也可用克无踪或立收谷进行药物杀秧。每亩用量150mL，第一次喷施后5～7d再喷一次。秧子枯死1周后，选择晴天进行收获，在操作过程中尽量减少薯块破皮、受伤。保证薯块外观光滑，增加商品性。

四、旱地马铃薯栽培技术规程

目标产量：亩产1500kg。产量结构：亩保苗2800～3200株，单株结薯500～600g。

（一）选地换茬

选择土层深厚、疏松、肥沃的壤土或沙壤土，不宜种在下湿盐碱地上。注意换茬，做到与禾本科作物或其他非茄科作物3年以上轮作，忌与茄科作物重茬、迎茬。

（二）深耕整地

秋季深耕25～30cm，封冻前耙糖一次，"三九"磙地一次，播前细致耙糖2～3次。地下害虫严重地块，结合播种每亩沟施辛硫磷或毒死蜱颗粒2.5～3kg。

（三）选用良种

选用抗病高产的优良品种。以紫花白、紫花红（底西芮）、克新1号为主栽品种，搭配金冠、大白花、弗乌瑞特等。

（四）种薯处理

1. 精选种薯

播前15～20d出窖，剔除病烂薯及尖头、畸形、芽眼突出、表皮粗糙等退化薯。

2. 催芽晒种

将精选的种薯放置在10～15℃室内催芽，幼芽长到0.5cm左右，晒种5～7d，使白芽变绿。

3. 切刀消毒和草木灰拌种

播前2～3d切籽，切块重量30g以上，带1～2个芽眼。切刀要消毒，用75%的酒精或开水，也可用30%的来苏儿浸泡切刀10min，轮换切籽。薯块要用药剂拌种，按照

100kg 种薯 +1kg 滑石粉 +20～30g 甲托 +30g 安泰生比例播种，也可用草木灰拌种，使伤口及早愈合，并起到增施钾肥的作用。

4. 顶端优势利用

选用无病健壮大薯，横切一刀，去掉底部，保留顶部并纵切两半，留作种用，利用顶端优势，早发芽、发壮芽。

5. 小整薯播种

一般选用 25～50g 健壮、幼嫩、无退化的小整薯播种，提高保苗率和生活力。整薯播种要适当控制密度，一般每亩 3000 穴为宜。

（五）适期播种

适宜播期是 5 月 5—15 日，生育期短的品种可推迟到 5 月底。

（六）科学施肥

亩施农家肥 2500kg，碳酸氢铵 25kg，硫酸钾 5～10kg 加磷酸二铵 10kg 结合播种一次施入。也可使用氮：磷：钾为 13：17：15 的复合肥每亩 50～60kg。施肥方法是将农家肥和化肥混合均匀撒在地表，然后耕翻，严禁化肥直接接触种薯。

（七）种植密度

滩川地亩保苗 2800～3000 株，行距 46～50cm，株距 45～50cm。坡梁地亩保苗 3000～3200 株，行距 46～50cm，株距 40～45cm。播种方法为机播平作，点籽均匀，播深 7～10cm，播后耱一次。

土层厚肥力高的地块，要推行宽窄行种植。如采用犁耕，可种两犁隔两犁，即"对垄种植"，大行距 70cm，小行距 23cm，株距 45cm。

（八）田间管理

田间管理的重点是松土、除草、培土。

播种后 20d 及出苗前要闷锄或闷耙一次。

整个生育期要进行三次中耕。3～4 叶锄第一次，深度 10cm，锄尽杂草，不伤根苗。苗高 20cm 锄第二次，培土 7cm。现蕾开花前锄第三次，再培土 7cm。对宽窄行种植田，在第三次锄草时要用犁中耕培土，在大行中间犁成一尺深的墒沟，把土集中培在 2 个小垄上。

现蕾开花前，如发现植株生长不良，用开窝点施的办法每亩追施碳铵 15kg，或叶面喷施 0.3% 的磷酸二氢钾溶液 40kg，也可用磷酸二铵 1.5kg 兑水 50kg 浸泡一昼夜，叶面喷施。

（九）防治病虫害

生长期发现草地螟、斑蝥等害虫为害，用90%晶体敌百虫1000倍液，或4.5%高效氯氰菊酯乳油2000倍液每亩40kg喷洒。防治蚜虫用乐果1500倍液喷洒。结合中耕，拔除留种田病株。

（十）适时收获，搞好窖贮

要选择晴天收获，收获的薯块经晾晒后，剔除病烂薯入窖贮藏。窖贮不得超过贮量的1/3，收获和入窖时要避免机械损伤，定期检查窖温，保持在1～3℃，相对湿度控制在80%～90%，以防生芽、霉烂、受冻。

五、旱地莜麦栽培技术规程

目标产量：亩产150kg。产量结构：亩穗数26万～28万穗，穗粒数27～30粒，千粒重20～22g。

（一）合理轮作，深耕整地

要妥善安排轮作倒茬：实行压青地、豆类→小麦→马铃薯→莜麦→胡麻五年轮作制，马铃薯→小麦→豆类→莜麦→油菜五年轮作制。

前作收获后及早耕翻，耕深25～30cm，耕后及时耙糖1～2次，同时做好"三九"碾地，早春顶凌耙糖。对下湿二阴地，可"立墒"晒垄，并于"三九"反复碾压；翌年再进行碎土耙地。

有洪水浇灌条件的地区，要打地埂，修方田，适时引洪汇地。

（二）合理施肥

采取"秋施底肥、春带种肥、夏季追肥"的方法。秋季要结合深耕压碳酸氢铵25kg或农家肥1500kg作底肥。播种时每亩再施磷酸二铵5kg，也可用5kg三料磷加1.5～2.5kg尿素作种肥，与种子混合均匀随种同下。生长季节视苗情酌量追肥。

（三）选用良种

选用抗旱、口紧、前期生长缓慢、后期能正常灌浆成熟的中熟和中晚熟品种。滩水地主推内燕4号、内燕5号，坡梁地主推内燕1号、内燕6号、乌燕1号和品6等良种。

（四）把好播种关

种子处理：要选用纯净、饱满、整齐的种子。机选或筛选后，进行发芽试验，发芽率要达到90%以上。播前晒种3～5d，并用种子重量0.3%的拌种双拌种，防黑穗病。撒施辛硫磷或毒死蜱颗粒剂每亩3～4kg防地下害虫。

播期：于小满后即5月24—30日播种，墒情较差时，要抢墒播种，播后镇压。

播量：每亩下籽9～10kg，亩保苗22万～24万株。

播种方式：推广机播，实行疏播密植。采用六行、七行播种机，种肥分层播种机播种，播种深度5～7cm。

（五）田间管理

苗期：抓紧早锄。当幼苗4～5片叶时，浅锄第一次。同时亩追尿素4kg，先将肥撒入垄背，然后锄草将肥埋严。若发生蚜虫，用40%的乐果乳剂800～1000倍液每亩喷洒40kg，预防红叶病。

拔节至孕穗期：拔节以后深锄第二次，促根壮秆。注意防治黏虫，用菊酯类农药叶面喷洒防治。

抽穗至成熟期：进入抽穗期后，拔除垄沿大草一次。用100～150g磷酸二氢钾兑水40kg根外追肥。

（六）适时收获

花铃期已过，进入黄熟期时即应收获，不可延误，防止风摔、倒伏及冻害。收获前用片选的方法进行选种，做好种子的防杂保纯工作。

六、旱地油菜籽栽培技术

品种为地方芥菜型春油菜籽。

目标产量：亩产150kg。产量结构：亩成株3.4万株，单株平均角果72个，每角粒数16粒，千粒重4g。

（一）备耕期

倒茬：油菜前茬不宜选择其他十字花科作物，更不宜重茬、迎茬。油菜为其他作物的好茬口。

选地：菜籽适宜于下湿二阴地种植，在坡地、偏碱性地上也可种植。

整地：早秋深翻25～30cm，翻后及时耙糖。结合秋翻，亩施农家肥2000kg，翌年早春耙糖、镇压各一次。

选种：通过风选、筛选、清水选及盐水选等方法，选饱满、纯净的种子，播前晒种1～2d。

（二）播种期

播期：土壤温度稳定在5℃以上时播种。一般在5月上中旬为宜。

播量：每亩500g左右。播种时掺一些细沙或炒熟的秕谷，使下籽均匀。

药剂拌种：用甲基异柳磷5mL，拌油菜籽2～2.5kg，防治油菜跳甲。

种肥：根据不同土壤类型与肥力基础，以及不同作物种类与产量指标进行平衡施肥，随种播入磷酸二铵5kg或尿素1.5kg，加三料磷5kg。

播法：条播，行距25cm，播后镇压。

播深：2～3cm，不超过4cm。

密度：油菜分枝性强。一般在滩水地种植密度为4万株左右，坡梁地为5万株左右。

（三）苗期

2～3片真叶时，第一次浅锄，并进行疏苗，将密度过大互相拥挤的苗间开，以防苗欺苗。

4～5片真叶（苗高10～13cm）时，第二次深锄，并定苗，株距6cm，行距25cm，亩留苗3.5万株。

6月上中旬，油菜出苗期注意防治跳甲，防治方法为4.5%高效氯氰菊酯2000倍液每亩30～35kg喷雾。

（四）抽薹期

抽薹前后结合培土第三次中耕除草。

发生小菜蛾，当达到防治指标（每株5头以上）及时防治。防治方法为每亩用高效氯氰菊酯20mL+阿维菌素5mL兑水40kg或毒死蜱乳油1500～2000倍液叶面喷雾，每隔7～10d再防一次，连防2～3次，上述两种防治配方要交替使用，以防止产生抗药性。

结合防虫，每亩喷施100～150g磷酸二氢钾。

在抽薹和开花阶段，需水肥较多，应及时浇水追肥，在薹高8～12cm时结合灌水追施适量的速效氮肥。在薹花期可喷叶面宝。

（五）开花期

继续防治小菜蛾。

有条件者，利用洪水灌溉，以保证开花期土壤保持湿润，中花期后不再灌溉，以促成熟。

放养蜂群和辅助授粉：在盛花期每隔 2～3d 采用拉绳方法进行人工辅助授粉，前后进行数次（时间为晴天上午 8—10 时），也可通过放养蜂群增加授粉率。

（六）收获

适期：当全株全田 70%～80% 角果呈淡黄色为收获适期。为防止收获时裂角脱粒，以早晨有露水时或上午或阴天收割为宜。并要随收随运，不宜在田间堆放。

选种：收获前在田间选同一品种，籽实饱满典型植株，去掉分枝及顶部，单收、单打、单藏。

脱粒：收获后后熟 5～7d，即可脱粒，防止扎角裂果。

七、地膜覆盖向日葵高产栽培技术规程

（一）适用范围

该技术适合于有灌溉条件的地块及滴灌向日葵种植。

（二）技术要点

选择土层深厚、土质疏松、有灌溉条件的地块，并与小麦、马铃薯、油菜等实行 3 年以上轮作倒茬。

向日葵属于须根系作物，要求土层松软细碎。深耕有利于根系的生长发育，同时还可以使土质疏松，消灭杂草和保蓄水分。耕深一般为 25～30cm。

向日葵为双子叶作物，出苗时需将种子外皮顶出地表，播种深度 4～6cm，播前精细整地，保证无坷垃，所以耕翻后要进行耙地、旋耕两次作业，确保土壤细碎。

根据土壤肥力状况，以农家肥为主，化肥为补充；施肥方法以基肥为主，追肥为辅。亩施优质农家肥 2000～3000kg，45% 含量的三元复合肥 30～50kg，花前追施尿素 5kg/亩，开花盛期追施氯化钾 10kg/亩。

选用杂交一代品种，生育期 90～95d。

种植密度因品种、土壤、肥力水平而定，一般亩保苗 2200～2600 株。

机械或人工培土起垄覆膜,起垄高度 8～10cm,采用机播,起垄、播种、覆膜、铺设滴灌带一次完成。生育期视土壤墒情进行浇水,在生长期间要注意,开花和花盘生长期为全生育期中需水量最大的时期,如遇干旱,及时浇水是保证向日葵高产稳产的关键技术措施。

向日葵对除草剂 2,4D- 丁酯高度敏感,注意相邻禾本科作物化学除草的飘移危害。

向日葵要严格实行轮作,发现菌核病株要及时拔除并密封塑料袋装好带出地外销毁。同时注意向日葵伴生杂草列当的发生蔓延。

八、旱地玉米垄膜沟植集雨种植技术规程

范围:本标准规定了机械化播种条件下旱作玉米垄膜沟种的耕作、覆膜、播种、施肥和收获各项技术规范。

本标准适用于内蒙古旱作地区机械化覆膜种植玉米的生产田。

(一)规范性引用文件

下列文件对于本文件的应用是必不可少的。凡是注日期的引用文件,仅所注日期的版本适用于本文件。凡是不注日期的引用文件,其最新版本(包括所有的修改单)适用于本文件。

下列文件对于本文件的应用是必不可少的。凡是注日期的引用文件,仅所注日期的版本适用于本文件。凡是不注日期的引用文件,其最新版本(包括所有的修改单)适用于本文件。

GB 4404.1　粮食作物种子　第 1 部分:禾谷类
GB 15618　土壤环境质量农用地土壤污染风险管控标准
GB 8321　(所有部分)农药合理使用准则
NY/T 496　肥料合理使用准则

(二)术语和定义

下列术语和定义适用于本规程。

覆膜种植:通过铺设地膜保墒、增加地温,达到提早播种,延长作物生长期,增加有效积温的农业种植技术。

垄膜沟种:通过开沟起垄、垄上覆膜、垄沟播种进行一次作业的种植技术。

土壤墒情:田间土壤含水量及其对应的作物水分状态。

分层施肥:一种随作物播种将肥料施于种子下部的施肥方式。

基肥:也叫底肥,是在播种前或移植前施用的肥料。

种肥:播种或定植时,施于种子或秧苗附近供给植物苗期营养的肥料。

追肥：作物生长期间为满足作物中后期营养需要而施用的肥料。

（三）耕地条件

土壤：选择土层深厚、耕层疏松、沙壤土质没有石块的耕地，不宜选择黏质土壤和下湿地块。

整地：采用机械深耕深松25～35cm，播前需进行耙糖平整土地，机械旋耕10～15cm，实现耕层"深、松、碎、平、净、墒"六字标准，为覆膜创造良好条件。

播种时间：土温度稳定在8～10℃时播种。不同地区应根据种植玉米的品种进行适当调整，一般应比当地传统播种期提前5～7d。播深在4～6cm。

开沟覆膜：用携带土壤输送装置的专用播种机，按照先开沟取土，然后覆膜，再用开沟所取的土压膜进行作业。地膜覆土应分膜边和播种沟两部分，分别压在地膜上，覆土厚度保持在2～3cm，地膜应选择0.008mm以上厚度并达到《聚乙烯吹塑农用地面覆盖薄膜》（GB 13735—2017）的标准，地膜宽度应在120～130cm，一膜双行，行距40cm。

播种：用单粒精量播种机随开沟覆膜一起进行播种，一次性完成开沟起垄、垄上覆膜、垄下施肥、垄沟播种、覆土镇压等作业。种植密度应根据品种类型进行调节，一般保苗4500～5000株播种，种子质量应达到《粮食作物种子 第1部分：禾谷类》（GB 4404.1）的标准。

合理施肥：肥应以氮磷钾肥为主，化肥施用参照《肥料合理使用准则》（NY/T496）执行，并采用与种子分层施用的方式，其中氮肥应包括缓释尿素和普通尿素相结合的方式施用，缓释肥料应占到总氮肥量的50%以上，磷钾肥采用颗粒状单质肥或复合肥一次施用（表5-3）。

表5-3 覆膜玉米高产田的施肥推荐用量　　　　　　　　　　单位：kg/亩

区域	养分施用量			肥料施用量		
	N	P_2O_5	K_2O	尿素	二铵	氯化钾
大兴安岭	6～10	2～5	1～3	11.3～17.5	4.3～10.9	1.7～5.0
燕北丘陵	12～15	6～8	3～5	21.0～25.8	13.0～17.4	5.0～8.0
阴山北麓	8～12	3～5	2～3	14.8～21.8	6.5～10.9	3.3～5.0

封闭除草：开沟覆膜播种前进行膜下封闭除草，一般用40%异丙草胺·阿塔拉津悬浮剂进行喷雾除草，用药量200mL/亩，药物施用参照《农药安全使用标准》执行。

保苗：播种后出苗前遇上下雨天，种植沟出现严重土壤板结，应进行人工或半机械破除土壤板结，保障正常出苗，在鸟害严重地区，应采取覆盖或驱散等防鸟措施。

追肥：在抽穗到灌浆期，田间出现缺素症状，应喷施微生物、微量元素等叶面肥，一般需要喷施螯合型微肥150～200g/亩。

（四）防病

主要是选择抗、耐病虫害的品种，其次是玉米生长前期，应重点防治玉米螟虫害，可采取频振或杀虫灯、赤眼蜂进行统防统治。玉米生长后期，应重点防治双斑萤叶甲病虫害，可选用氰戊菊酯乳油或高效氯氟氰菊酯乳油等农药于上午 10 时前、下午 5 时后进行喷雾防治，重点喷在雄穗周围，药物施用参照《农药安全使用标准》执行。

作物收获：在玉米苞叶变黄，籽粒变硬，有光泽时即可收获。同时回收秸秆或秸秆直接还田。

地膜回收：在收获后或春季整地前，采用机械进行地膜回收与安全处理，处理效果应达到 GB 15618 规定的标准。

九、向日葵垄膜沟植集雨种植技术规程

范围：本标准规定了机械化播种条件下向日葵垄膜沟种的耕作、覆膜、播种、施肥和收获各项技术规范。

本标准适用于内蒙古旱作地区机械化覆膜种植向日葵的生产农田。

（一）规范性引用文件

下列文件对于本规程的应用是必不可少的。凡是注日期的引用文件，仅所注日期的版本适用于本文件。凡是不注日期的引用文件，其最新版本（包括所有的修改单）适用于本规程。

GB 15618	土壤环境质量农用地土壤污染风险管控标准
GB 4285	农药安全使用标准
NY/T 496	肥料合理使用准则
NY/T 1581—2007	食用向日葵籽

（二）术语和定义

下列术语和定义适用于本规程。

覆膜种植：通过铺设地膜保墒、增加地温，达到提早播种，延长作物生长期，增加有效积温的农业种植技术。

垄膜沟种：通过开沟起垄、垄上覆膜、垄沟播种进行一次作业的种植技术。

土壤肥力：土壤为作物正常生长提供并协调营养物质和环境条件的能力。

分层施肥：一种随作物播种将肥料施于种子下部的施肥方式。

(三)耕地条件

土壤:选择土层深厚、耕层疏松、沙壤土质没有石块的耕地,不宜选择黏质土壤和向日葵连种地块。

整地:采用机械深耕深松25~35cm,播前需进行耙耱平整土地,机械旋耕15cm左右,实现耕层松、细、碎、平,为覆膜创造良好条件。

播种时间:一般在表土温度稳定在8~10℃时即可播种。不同地区应根据种植向日葵的品种与病虫害发生规律进行适当调整。播深控制在2~3cm,不宜过深。

开沟覆膜:采用携带土壤输送装置的专用播种机,按照先开沟取土,然后覆膜,再用开沟所取的土压膜的操作程序作业,地膜覆土应分膜边和播种沟两部分,分别压在地膜上,覆土厚度保持在2~3cm,地膜应选择0.008mm以上厚度并达到GB 13735—2017的标准,地膜宽度应在120~130cm,一膜双行,行距45~50cm。

播种:采用气吸式播种机进行开沟覆膜一起播种,一次性完成开沟起垄、垄上覆膜、垄下施肥、垄沟播种、覆土镇压等作业。种植密度应根据品种类型进行调节,油用葵保苗3500~4000株;食用葵保苗2000~2500株,种子质量应达到《食用向日葵籽》(NY/T 1581—2007)的标准。

合理施肥:施肥应以氮、磷、钾肥为主,化肥施用参照NY/T 496标准执行,并采用与种子分层施用的方式。其中氮肥应包括缓释尿素和普通尿素相结合的方式施用,缓释肥料应占到总氮肥量的50%以上,磷钾肥采用颗粒状单质肥或复合肥一次施用(表5-4)。

表5-4 覆膜向日葵在中等肥力土壤上的施肥推荐用量 单位:kg/亩

目标产量	养分施用量			肥料施用量		
	N	P_2O_5	K_2O	尿素	二铵	氯化钾
150~200	6~8	3~4	2~3	10~15	6~11	3~5
200~250	9~12	4~6	5~7	15~20	11~13	8~12
250~300	12~15	6~8	7~10	20~25	13~17	12~16

封闭除草:在开沟覆膜播种前进行膜下封闭除草,一般用50%的乙草胺乳油兑水地面喷雾,药物施用参照《农药安全使用标准》执行。

保苗:播种后出苗前遇上下雨天,种植沟出现严重土壤板结,应进行人工或半机械破除土壤板结,保障正常出苗,在鸟害严重地区,应采取覆盖或驱散等防鸟措施。

追肥:在现蕾到开花期,田间出现缺素症状,应喷施微生物、微量元素等叶面肥,一般需要喷施螯合型微肥200~300g/亩。

（四）防病

主要是选择抗、耐病虫害的向日葵品种，其次是采用推迟播期预防菌核病黄萎病和葵螟等，也可以配合种子处理防治黄萎病，一般用 10% 氟硅唑水分散颗粒剂加生防菌剂 10 亿 /g 萎菌净可湿性粉剂，药物施用参照《农药安全使用标准》执行。在向日葵螟严重地区，通过田间设置振频式黑光灯、信息素诱捕器 25～30 枚 /hm² 或杀虫灯诱杀成虫。

作物收获：在向日葵籽粒饱满变硬，向日葵盘变黄、植株大部分叶片发黄衰老时割盘收获，同时回收秸秆或秸秆直接还田。

地膜回收：在收获后或春季整地前，采用机械进行地膜回收与安全处理，处理效果应参照 GB 15618 标准。

第六节　发展建设思路

以提高旱作农业生产经营综合能力，实现现代农业为目标，以联户经营、种植大户、家庭农场等规模化生产经营为载体，以农业教育为切入点，以旱平地改造和发展水浇地为基础，以旱作农业综合新技术应用和调整种植（养）结构为手段，全面提升旱作农业抵御自然灾害能力，提高旱作农业生产经营水平，实现农村经济发展和农民生活提高。

一、加强基础设施建设

（一）加大旱耕地整理开发力度，防止水土流失

旱耕地在整理开发中要运用"生物、工程、农艺、农机"相结合的综合开发改造措施，建设等高田、反坡梯田、窄带或宽带高标准梯田，小块并大块，里切外垫，围埂打垄，提高耕地平整度，并种植生态防护林，减少风、水对耕地的侵蚀。耕作上变顺坡垄种为横坡垄种，增加植被密度，减少土壤裸露面积和地表径流，提高自然降水利用率，改善旱耕地生态环境，达到保持水土，最大限度地减少农业自然灾害，增强旱耕地的抗耐旱能力。

（二）加强节水灌溉工程建设，扩大水浇地面积

针对当地地下水开发过度的实际，在农田灌溉用水方面要坚持限制地下水开发，限制喷灌圈面积增加，支持和鼓励滴灌建设的节水灌溉理念，在现有地下水的基础上，通过节

水灌溉扩大水浇地面积,提高土地产能。

(三)强化农业教育,培养新型农民

设立针对农民农村种田创业的专业机构或学校,支持和鼓励有兴趣、有条件的青年人入校学习,通过系统学习,提高专业技能的同时,开发他们在农村创业的思路,激发年轻人的创业热情,为现代农业的发展培育具有一定专业技术和经营管理能力的新型农民。

二、加大政府支持力度

(一)加大旱作区基础设施建设和新技术应用投入

通过政府投入,改善旱作区的农业生产基础设施条件,降低新技术应用成本,依靠优良的生产经营环境和政府的补贴支持,吸引农村青年回乡种地创业,充分发挥旱作农业广阔的土地资源优势。

(二)制定支持政策,鼓励以联户、种植大户、专业合作组织等形式发展规模化生产经营

一家一户的小农户经营模式是农业基础设施建设和新技术推广的重要制约因素,因地制宜发展规模生产经营,是发展现代农业的必然选择。

(三)加强农业环境污染监督管理

农业生产中化肥、农药、地膜等的大量投入使用,农业环境污染问题已日益突出。要从可持续发展的战略高度,充分认识农业生态环境保护工作的重要性和紧迫性,制定农业废弃物回收和加工企业优惠政策,解决废旧地膜和农药包装物污染环境问题。

三、加强新技术应用,提高旱作农业科技含量

(一)推广应用地表覆盖技术

旱耕地实施免耕技术措施和秸秆覆盖及地膜覆盖途径,可提高土壤覆盖度,最大限度地减少地表径流、地表蒸发和土壤裸露面积。

（二）深翻改土，活化土壤

针对旱耕地耕层浅、犁底层厚、土壤容重高，孔隙度低的现状，加大秋季深松改土整地力度，活化土壤，打破犁底层，改善土壤水分和养分的循环及土壤结构，提高肥水利用效率。

（三）加大旱耕地土壤培肥力度

增施有机肥料对提高土壤肥力有重要作用。有机肥在微生物作用下通过腐殖化和矿质化，能形成有机质和速效态养分，同时分解产生有机酸能促进土壤中难溶性无机养分的溶解，提高土壤供肥性能；推广秸秆堆沤还田和秸秆覆盖还田；据报道，每亩覆盖秸秆500kg，比裸地耕作土壤有机质增加1.5g/kg，速效磷增加8mg/kg；实行肥粮轮作和间作，对绿肥作物实行割沤、翻压和过腹还田培肥土壤；粮豆轮作或间作，可通过豆科作物固氮和根茬还田培肥土壤。

（四）大力推广测土配方施肥技术

根据旱耕地土壤生产能力和作物目标产量，因产定需，配方施肥，既能提高肥料利用率，大幅度提高农作物产量，又能减少不合理施肥造成的浪费，充分挖掘有限土地资源的增产潜力，促进耕地质量的提高。按照"测土到田、配方到厂、供肥到点、指导到户"的推广服务的要求，结合当地实际，积极探索测土配方、试验示范、生产供应、施肥指导等环节的有效链接，确保把优质价廉的配方肥提供给广大农户。做到农家肥、有机生态肥、化肥一起用，氮、磷、钾配合施，提高作物产量，增加旱耕地土壤有机质库容，减少和补充养分的直接消耗。

（五）综合利用农业废弃资源

一是引进推广秸秆生物反应堆技术，将秸秆转化为作物所需要的二氧化碳、热量、矿质元素、有机质等，进而获得高产、优质、无公害的农产品。二是推广秸秆覆盖保墒技术，将小麦或玉米秸秆进行田间覆盖，增加对降水的拦蓄、入渗，减少降水地表径流和蒸发，增温保墒，同时增加土壤有机质及养分含量，促进作物生长。

（六）提高农业生产的机械化水平

随着农业生产规模化程度的提高，农业机械由当前小型的半机械化向大型的机械化转变，同时应用秸秆综合利用技术和旋耕灭茬整地机械化技术等，减小农民的劳动强度，提高生产效能。

（七）调整种植、养殖结构，提高旱耕地产能效益

西北部和西南部深山区由于春季多低温、秋季多霜冻、冬季多冻害，严重影响着作物生长和正常成熟，要调整种植结构，充分利用所处区域的区位优势，大力发展时差食用菌、反季节蔬菜和中药材生产，提高旱耕地产能和效益。同时因地制宜发展养殖业，实现种养结合，以农养牧、以牧促农的可持续发展农业。

第六章

凉城县旱作农业技术

第一节 区域概述

凉城县位于内蒙古自治区中西部，东经112°28′～112°30′，北纬40°29′～40°32′。北与乌兰察布市卓资县接壤，东邻丰镇市，南与山西省左云县、右玉县交界，以古长城为界，西靠呼和浩特市和林县、赛罕区。东西长82km，南北长73km，处于中温带，属于半干旱典型的大陆性季风气候，全年日照时数3023.2h，年平均气温5.3℃，≥10℃有效积温2430℃·d，无霜期90～125d，年平均降水量427mm，年蒸发量1938mm，是降水量的4～5倍，且降水分布不均，主要集中在7—9月。凉城县是以农业为主，农牧结合的大县，辖9个乡（镇、办事处），总人口24.6万人，其中农业人口21.0万人。全县总土地面积3458km^2，总播种面积（耕地面积）6.4万hm^2（96万亩），其中旱地4.8万hm^2（72万亩），占总播种面积（耕地面积）的75%。2014年全县粮食总产2.08亿kg，其中旱地生产粮食1.5亿kg，占总产的72%，可见旱作农业在凉城县农业生产中的重要到位。

凉城县地形总体特征为四面环山，中怀滩川（盆地）。全县平均海拔1731.5m。北部为蛮汉山山系，山体狭长而陡峭，最高峰海拔2305m；南部为马头山山系，山体宽而平缓，最高峰海拔2042m，中部为内陆陷落盆地——岱海盆地，岱海镶嵌其中。山地面积为1634.2km^2，占总面积的47.83%；丘陵面积为801.6km^2，占总面积的23.46%；盆地面积为817.6km^2，占总面积的23.93%；水域面积为163.3km^2，占总面积的4.78%。素有"七山一水二分滩"之称。

凉城县耕地土壤分为灰褐土、栗钙土、栗褐土、草甸土、沼泽土、盐土6个土类，占总耕地比例依次为24.20%、61.21%、11.08%、3.21%、0.16%、0.14%。栗钙土的耕地在凉城县面积大，广布县境，是第一大土类，主要分布于陷落及凹坳平原，也有分布在波状丘陵和中低中山山地，海拔1214～1600m，植被为平原类型。母质类型多种多样，有残坡积物、冲洪积物、湖积物、黄土及黄土状物。灰褐土在凉城县分布范围广，面积大，是第二大土类，主要分布于西北部、北部和南部中低山地及丘陵地带，其海拔高度1300～1500m，成土母质多由花岗岩、花岗片麻岩、苏长岩、玄武岩、白垩系的砂岩、砂砾岩等分化的残积物、坡积物和零散的黄土状堆积物组成。凉城县耕地土壤质地主要有轻黏、沙壤、中壤、重壤、轻壤、沙土6种，其中轻壤占39%，沙壤占29%，中壤占22%，重壤占5%，轻黏和沙土占5%。

凉城县的耕地土壤的质地构型主要有6种类型，即：薄层型、海绵型、紧实型、漏沙型、蒙金型和松散型。其中以海绵型和薄层型为主，海绵型占总耕地面积的52.44%，薄层型占总耕地面积的16.61%，余者面积从大到小依次为蒙金型、漏沙型、紧实型、松散型。

凉城县中低产田面积88万亩，占总耕地面积的91.7%，其中瘠薄型48.9万亩，占中低产田面积的55.6%；灌溉改良型32万亩，占中低产田面积的36.4%；坡地梯改型3.2万亩，占中低产田面积的3.6%；盐碱地、风沙型均为1.95万亩，均占中低产田面积的2.2%。

凉城县种植的作物有玉米、马铃薯、胡麻、豆类、谷黍、高粱、向日葵、莜麦、荞麦、甜菜、蔬菜，其中玉米、马铃薯两种作物面积最大，历年播种面积在50万亩左右，占总播种面积的52.1%，经济作物甜菜、胡麻等面积较小，历年播种面积在10万亩左右，占总播种面积的10.4%。

2005—2014年全县粮食平均总产为20219.4万kg，最低的2009年为15394.5万kg，最高的2013年为22656.7万kg。农民人均纯收入年均为3684.9元，最低的2006年为2847元，最高的2014年为5131元。

第二节　制约因素和存在问题

一、降水量少且分布不均，干旱灾害频繁发生

凉城县地处内蒙古中南部，属干旱丘陵区，年均降水427mm，蒸发量为1938mm，是降水量的4～5倍，且降水分布不匀，主要集中在7—9月，春季平均降水量仅为58mm。旱灾特点：一是干旱发生频率高，十年九旱，年年春旱，干旱造成缺水捉苗难、保苗难；二是受旱成灾面积大；三是常伴有伏旱，据气象局提供的资料，2005—2014年，年降水量小于400mm的有7个年份，小于350mm的有3个年份，小于300mm的1个年份，2011年年降水量只有260.4mm。旱灾是全县农业发展最主要的制约因素。

二、水资源匮乏，水浇地面积小

凉城县水资源总量为1.94亿m^3，人均占有水资源量788.6m^3，是全国人均水资源量

的 36.8%；耕地亩均水资源量 202m³，是全国亩均水资源的 11.6%；现有机电井多数出水量不足，部分机电井输电线路及渠系配套不全，水浇地灌溉保证率低，现有耕地 96 万亩，其中水浇地仅 18 万亩，占耕地面积的 18.7%。水资源匮乏制约着全县农业生产乃至社会经济的发展。

三、坡耕地面积大，水土流失严重

凉城县的地形地貌以山地丘陵为主，52.4% 的耕地分布在大于 3° 的丘陵坡地上，由于降水分布集中，阶段性降水强度大，加之土壤质地多为沙壤土、轻壤土，土质疏松，耕地水土流失严重，年流失表土为 2600m³ 左右。

四、长期掠夺式经营，造成耕地用养失调

主要是有机肥投入少，秸秆还田、绿肥种植、合理轮作等措施跟不上，氮、磷、钾化肥施用比例不合理，特别是氮素养分入不敷出，造成耕地有机质含量下降，土壤养分失调。通过对 2007 年采集的 4200 个土样测试结果统计分析，与第二次土壤普查相比，全县土壤有机质平均含量减少 2.31g/kg，降幅 13.5%；全氮平均含量减少 0.063g/kg，降幅 26.2%。

五、新技术推广投入不足，农业科技水平低

近几年，虽然在作物栽培、品种、施肥等方面的新技术推广上做了大量工作，实施了抗旱保苗技术集成、旱作节水示范、良种补贴、高产创建、测土配方施肥等项目，但总体上仍然存在新技术推广投入少、地方配套资金短缺、项目实施时间短等问题。加之农村年轻人外出打工，种地的绝大多数为老年人，他们知识水平低，接受能力差，不愿意采用新品种、新技术、新材料问题比较突出。虽然近年来涌现出一批种植大户，但种植规模全县也不足 4 万亩。先进的旱作农业技术推广普遍存在有典型、无面积问题，整体上农业生产科技水平较低，农业生产手段还比较落后。

第三节 技术推广现状

针对凉城县十年九旱、年年春旱的气候特点，以及作物布局和种植结构，紧紧围绕保墒、蓄墒、防旱、抗旱，充分利用天上、地下有限水资源，使有限的水资源利用率达到最大化，提高水分产出率，总结多年来旱作农业成功经验，吸收引进当前先进的旱作农业技

术，做到两者有机结合，在全县旱作地区大面积推广应用。

一、坐水点种

坐水点种是在农作物播种期间遇土壤干旱时，采取的保春播、抓全苗、促壮苗，行之有效的抗旱措施，春旱严重年份常会大面积应用。主要应用于玉米、马铃薯、瓜类等稀植作物上。每穴坐水0.5～1kg，待水下渗后，点籽盖土，马铃薯每亩坐水$1m^3$左右，玉米每亩坐水$2m^3$左右。根据每年春季土壤墒情，春播期间降水情况，不同区域旱情分布，全县坐水点种植面积差异较大，面积最大的年份可达20万亩左右。春季土壤墒情较好时，无须坐水点种。

二、地膜覆盖

地膜覆盖具有增温、保水、抑制杂草生长等作用，能够促进植株生长发育，提早开花结果，增加产量，减少劳动力成本。在旱作地区广泛应用，其保水作用显得尤为重要。凉城县在20世纪80年代后期开始引进推广地膜覆盖技术，为全县粮食增产、农民增收、解决温饱、脱贫致富，发挥了很大的作用。刚开始示范推广时，由于农民认识水平低，无覆膜机具，只能人工覆膜，费时费力，所以推广难度很大。随着地膜覆盖增产增收效果的显现，加之畜力覆膜、机械覆膜的引进与推广，地膜覆盖面积逐年增加，到2015年全县已发展到40万亩左右，占播种面积的41.7%。2011年凉城县开始引进推广了全覆膜双垄沟植栽培技术，2015年发展到8万多亩，应用作物也由原来的单一玉米发展到目前的玉米、谷子、向日葵、大豆等多种作物。

三、抗旱优良品种

凉城县种植的作物种类较多，抗旱耐旱优良品种着重选择当地种植面积较大，且在当地具有种植优势的玉米、马铃薯、胡麻等作物。玉米主要有冀承单3号、承单14、四单19、铁源24，马铃薯主要有克新1号、费乌瑞它、底西芮，胡麻主要有晋亚7号、龙亚8号、轮选2号。这些抗旱耐旱优良品种的种植，发挥了良种内在的抗旱增产潜力，避免了因土壤干旱造成粮食大幅度减产，是旱作地区提高粮食产量的主要措施之一。

四、有机肥与无机肥结合，实现以肥调水

增施有机肥，平衡施用化肥，做到有机、无机相结合，不仅能满足作物对土壤养分的需求，而且能改良土壤，增强土壤的保水、保肥性能，使作物根系发达，能充分吸收土壤

水分，提高土壤水分利用率，实现以肥调水。近年来，凉城县旱作地区农家肥平均亩施用量由过去的500kg，增加到1000kg，化肥施用推广测土配方施肥技术成果，因土因作物施肥。玉米一般施配方肥（16-16-8）20～25kg/亩＋碳铵30～40kg/亩，马铃薯一般亩施配方肥（15-15-10）25～30kg/亩＋碳铵30～40kg/亩，胡麻一般施配方肥（16-16-8）10kg/亩。凉城县还引进推广了有机质含量≥45%的有机无机复合肥，以弥补人畜粪尿的不足，目前年施用量在300～500t。

五、深耕耙耱保墒

为达到秋雨春用，春旱秋防的目的，提高作物出苗率和成活率，作物收获后及时深耕25cm，封冻前精细耙耱，"三九"磙地、顶凌再耙耱。

第四节 主要技术模式

一、核心技术——地膜覆盖技术

地膜覆盖是一项保护性栽培技术措施，具有明显的增温保墒等作用，可以改善农作物生态条件，促进作物生长发育，从而提高产量水平。地膜覆盖可使作物整个生长期增加有效积温200～300℃·d，提早成熟5～15d；可使同一品种适宜种植区域向北推移200～500km，海拔相对提高500～1000m；地膜覆盖可以保墒节水，提高水的利用率。

凉城县旱作地膜覆盖栽培的主要作物有玉米、马铃薯、谷子。

1. 玉米覆膜技术

选用具有强度高、耐热性和保温性能好的聚乙烯薄膜，厚度0.008mm，宽度75～80cm为宜。播种采用机械播种，播种量为2～2.5kg/亩，尽量顺风覆膜播种，要求压严、拉紧、盖平、紧贴地面，保持地膜无破损、不串风、提高保温、保墒、保肥的效果。

当5～10cm土层温度稳定在8～10℃时，利用玉米耐低温能力较强的生理特性，适时早播。一般在4月20日—5月5日播种，采用大小行种植，一膜两行，大行距60cm，小行距40cm，株距30～33cm，亩保苗4040～4444株。当春旱严重，播种有困难时，要先坐水，后点播，实行人工播种，确保苗全苗壮。

2. 马铃薯覆膜技术

（1）选膜。根据马铃薯喜冷凉的生理特性，应选用具有强度高、保墒、除草性和保温性能较差的聚乙烯黑色薄膜，厚度0.008mm，宽度75～80cm为宜。

（2）覆膜时间。旱地马铃薯覆膜总的原则是抢墒覆膜，以便有效地保存土壤中的水分。在秋雨充足，春季墒情较好的情况下，应在土壤解冻后（4月10日左右），抢墒覆膜，在春墒很差的地块，应等雨覆膜。在等雨无望的情况下，要按时覆膜，4月中旬前全部覆完。覆膜作业应在播种前5～7d完成，使土地增温保墒，为种子发芽提供条件。

（3）覆膜。旱地覆膜比水地覆膜要求更严，必须保证质量。决不应在覆膜过程中散失水分，造成失墒。在已平整好的土地上将膜铺平压实。覆膜后将两边压严踩实，每隔一段压一"腰带"，以免大风揭膜。如果是春翻地压肥覆膜，一般是边整地边覆膜，要求耕翻一带，耙耱一带，覆一带，流水作业。耕翻的地块绝不隔晌、过夜。无论机械覆膜还是人工覆膜，带距均应掌握在1m左右，膜与膜相距60cm左右（覆膜后除去土压的膜边，露在地表的膜与膜之间的距离），每边压上10cm土。

3. 谷子覆膜技术

（1）覆膜时间。作为旱地覆膜穴播谷子种植的地块，一般均采用秋深耕、秋施肥，并做好耙耱保墒工作的地块。在秋季雨水充足、春季墒情较好的情况下，覆膜一般掌握在土壤解冻10～20cm（4月中旬）抢墒覆膜，在春季墒情很差的情况下，应等雨覆膜，等雨时间5月上旬至5月中旬，雨后不过晌，不过夜，速将地膜覆好。从而有效地保存地膜内土壤水分。

（2）播种时间。在旱地覆膜穴播谷子播种时间的选择上，应遵循的原则是：使其需水规模和降水规律相一致，即谷子的需水临界期进入雨季。一般谷子进入抽穗期即进入需水盛期。7月中旬进入雨季，第一场大雨多在7月15—25日，在保证成熟的前提下，让谷子抽穗尽量接近7月中旬末至8月上旬初，所以播种期多推到5月中旬，最晚不超过5月25日。

（3）种植密度。旱地覆膜谷子的亩保苗密度应保持在2.0万～2.8万株，播种密度应在每亩8800穴。原则是：下湿地、土壤肥力较高的地块，抗旱能力较强的地块，有集雨节水灌溉措施的地块宜密，反之则宜稀。

（4）覆膜方式。覆膜方式应采用机械覆膜，平作不起垄，这样既有利于充分利用自然降雨，又有利于气生根由播种孔伸入土壤。

（5）地膜的选择。选用具有强度高、耐热性和保温性能好的聚乙烯薄膜，厚度0.008mm，宽度75～80cm为宜。亩用量3.5～4kg。

（6）覆膜。覆膜时手撒高效低毒杀虫剂，用于防治地下害虫，然后耙耱，并将地表残茬捡净，立即覆膜。严把覆膜质量关，一般控制在1m宽地膜覆一膜，压紧压严，地膜与地表紧贴，应隔一段距离压一土带，还要经常检查，防止破膜，发现破损要及时土压严，以防风窜揭膜，水分蒸发，杂草滋生。

（7）播种。利用机械播种，播种深度4～5cm，一膜两行，大行距60cm，小行距40cm，穴距15～20cm。墒情差时要求坐水点种。一般亩用水量500～1000kg，坐水时待水全部渗完后再放种子，种子放集中，以便增强群体顶土力。用湿土填孔，要紧一点，然后用干土压严播种孔。

二、配套技术

1. 认真选地，合理轮作倒茬

玉米：选择土层深厚、土质疏松的平地或缓坡地种植。结合选地选茬，搞好轮作倒茬。轮作方式以马铃薯—玉米或豆类—玉米为好。

马铃薯：应选择土层深厚、结构疏松、排水良好的壤土、沙壤土种植，切忌黏重低洼或盐碱地。马铃薯与其他作物轮作倒茬是调节土壤水分，减少病虫杂草滋生蔓延的重要措施。不能重茬迎茬，也不宜与茄科作物和块根作物轮作。

谷子：应选择土地较平整，土质上等的地块，但谷子忌连作，前茬以豆类、马铃薯、玉米、绿肥为最好。

2. 精细整地，搞好蓄水保墒

玉米与谷子：旱薄地全靠接纳雨水，供应生长。因此，做好蓄水保墒工作十分重要，在选好地的基础上，当年作物收获后，早腾地、早灭茬、随耕随耱，力争伏天多纳雨，多蓄墒。"三九"碾地保墒，播前镇压提墒。同时复耱复耙，保持地面平整，上虚下实，土壤细碎，无坷垃、无根茬。

马铃薯：马铃薯的块茎膨大需要排除同体积大的土壤空间，疏松深厚的活土层，有利于马铃薯根系发育和块茎的生长。因此，马铃薯比其他作物对深耕的要求更为突出。要求前作收获后，除起风地外，要及时进行秋深耕，深度为20～25cm，耕后耙耱，防止失墒，封冻前耙耱一次，"三九"碾地一次，春季再行耙耱，拾净根茬，耱碎坷垃，做到地平土碎，为覆膜作业创造良好的条件。

3. 合理施肥，增施有机肥和化肥

玉米：结合秋天或春天耕翻，亩施优质农家肥1500～2000kg，根据不同地力，本着肥地少施、薄地多施的原则，一般施配方肥（16-16-8）20～25kg/亩+碳铵30～40kg/亩。

马铃薯：覆膜马铃薯要一次性施肥，一般不需进行追肥，所以覆膜前必须施足底肥。马铃薯施肥应以农家肥为主，化肥为辅，结合秋深翻施优质农家肥1500～2000kg/亩、尿素15kg/亩（或碳铵50kg/亩）、磷酸二铵15kg/亩、硫酸钾或氯化钾5kg/亩，如施用配方肥（15-15-10）25～30kg/亩+碳铵30～40kg/亩。春耕施肥如墒情差，可用水将农家肥拌湿，沟施为好，并结合施肥再次耙耱。

谷子：均采用春施肥的办法，基本与覆膜玉米的施肥一样。一般要求施优质农家肥1000kg/亩、尿素15kg/亩、磷酸二铵10kg/亩、硫酸钾2kg/亩，农家肥应均匀撒开，化肥混匀后随犁地施入犁底，农家肥随犁翻入土壤。

4. 因地制宜，选用抗旱品种

玉米：根据当地无霜期及玉米品种生育期与其产量成正相关因素，在原来露地种植中熟品种地区，选用在地膜覆盖条件下能成熟的中熟或中晚熟品种。以 115～125d 品种为主，如承单14、哲单7号、四单19、铁源24等。

马铃薯：选用品种要根据需要而定，一般食用或作商品薯，应选用克新1号、费乌瑞它、底西芮、夏波蒂。

谷子：相对而言，品种的生育期越长，增产潜力越大。所以地膜覆盖穴播谷子在保证成熟的前提下，一般选择生育期较长的品种，另外，针对旱坡地前期雨量少，易受旱的特点，应选择抗旱性强、前期生长慢、后期生长快的品种。近年来，凉城县生产中推广的品种生育期一般为100～120d，主要有张杂3号、张杂6号、大同30、山西红谷等。要根据地势、土壤肥力选择。也可以引进新的高产品种。

5. 科学种植，加强管理，适时收获

玉米：首先是查苗补苗，适时间苗定苗。出苗后如有缺苗，采用人工催芽坐水补种，并用湿土封好地膜开口处。当玉米3～5叶时，进行间苗，每穴留健苗一株。如地下害虫危害严重或风口地块，适当推迟定苗，避免留双苗和缺苗断垄。地膜间要及时中耕，清除杂草，在玉米大喇叭口期，视玉米缺肥情况，趁雨亩追尿素5～10kg。玉米从播种到成熟，都可能遭受病、虫等为害，因此要搞好预测预报，做到早防早治，综合防治。当苞叶变黄、籽粒变硬时，适时收获，注意清除废膜，以防污染土壤。

（1）马铃薯。

①种薯处理。

a.晒种催芽：种薯在播种前15d左右出窖，放在室内严格挑选，除去烂薯，淘汰尖头、有裂痕、畸形、表面粗糙老化、芽眼突出等不良性状的薯块。将选好的种薯堆放在温暖的室内，温度保持在14～16℃，每隔3～5d翻动1次，10d左右即可萌芽，再严格挑选1次，经日晒5～7d切块播种。

b.种薯切块：每个薯块切成50g左右，每块需有2～3个芽眼。要先从顶端到基部纵切开，然后再从基部按芽眼顺序向顶部斜切。切种时用两把刀，一把刀放在高锰酸钾水溶液中，遇到病薯时换刀再切。切好的薯块用草木灰拌种，使刀口尽快愈合，防止病菌感染。同时又有种肥作用。

c.整薯播种：利用小健薯整播，既可避免切刀带菌，又能增强抗旱能力，保证出苗率和幼苗生长整齐健壮，整薯应在50g左右为宜。

②适期播种，合理密植：适期早播是种植覆膜马铃薯的重要措施。一般在4月15日至4月底播种为宜。进一步改进打孔工具，打孔播种，打孔深度10cm左右，如播种期间特别干旱，必须坐水点种。适宜的种植密度是3500～4200株/亩。

③田间管理。

a.查膜护膜：覆膜马铃薯一般25～30d出苗，该期风多风大，一定要加强查膜护膜工作，防止大风扯膜。

b.查苗放苗全苗是增产基础。当幼苗出土时做好查苗放苗工作。因覆土板结不能出土的幼苗和膜下幼苗，应轻轻打碎板结放出幼苗摆正，并封好播种孔。结合放苗做好中耕除草作业，破除板结，清除大行间杂草。从出苗到现蕾期，尽量保持膜面整洁。发现有破损处立即用湿土封严，清除"压土带"和膜面积土，以发挥地膜的光热效应，促进马铃薯生长。

④收获。为了解决淡季马铃薯的供应，应争取早上市，当马铃薯开花结束，大部分茎叶由绿变黄时，即可分批收获。

（2）谷子。

①种子处理。谷子播种用量少，应严格检验，以保证纯度和净度。在谷子收获时，严格穗选，冬春闲季再进行粒选，并做好播前发芽试验。发芽率一般应保证在90%以上。每穴10粒左右，亩用种量0.20～0.25kg。

②放苗。一般播后5～7d出苗，不需放苗，但播种后出苗前如遇雨，则播种孔表土容易板结，影响出苗，应在出苗前打碎，并将播种孔周围用细土封严。

③查苗、补苗、定苗。地膜穴播谷子在地下害虫防治好的情况下，一般不会缺苗。个别缺苗现象一般不补种。如果有连续几穴缺苗的应及时坐水补种，如果缺苗达到20%以上，应补种糜、黍。这样对产量不会有多大影响。待苗长到3～6cm，有3片叶时就可间苗、定苗，每穴留3～5株壮苗。

④田间管理。前期要经常检查地膜，发现破膜处要及时用土压严，以防风窜揭膜、杂草滋生，并做好谷子钻心虫防治。当苗长到7～8片叶子时会出现分蘖，为了争取主穗结合中耕将其分蘖掰掉。当谷子长到拔节期，如雨水充足，在靠近地面的几个茎节上长出气生根，但是由于每穴3～5株，气生根大量斜伸到地膜上，不能深入土壤，所以在气生根形成期结合中耕进行培土，以发挥气生根的作用。

⑤收获。当颖壳变黄，各穗断青，籽粒变硬时，则为谷子成熟的标志，要适时收获，并做好穗选留种工作。

三、技术效果和适用条件、适用范围

地膜覆盖技术双增效果较为明显，旱作地区地膜覆盖作物较露地增产30%左右，增收25%左右。玉米、谷子适用于≥10℃有效积温2300℃·d的凉城县所有旱平地及梯田，马铃薯适用凉城县所有旱平地及梯田。

第五节 技术规程规范

1. 坐水点种

按株距挖播种穴，穴深4～12cm，据取水难易和土壤墒情，每穴坐水0.5～1kg，待水下渗后，点籽盖土，马铃薯每亩坐水 1t 左右，玉米每亩坐水 2t 左右，谷子每亩坐水 1t 左右。

2. 地膜覆盖

播前在对耕地进行精细整地的基础上，利用地膜进行及时覆盖，一般在播前 7d 覆盖，在具体操作中应根据降雨情况及时进行抢墒覆膜，地膜选用厚度 0.008mm，幅度 75～80cm 的超薄膜，按顺风方向进行覆膜，1m 一带或 10m 九带，以机械覆膜为主，覆膜要做到拉坚铺平，无纹，覆膜后每隔 6～8m 在膜上压一小土埂，以防大风揭膜，播种后及时清除膜上积土，增加光照面积。在覆膜玉米的种植时，应用覆膜播种机效果更佳。

近几年推广的全膜覆盖双垄沟播技术，选用幅宽为 1.2～1.3m 的地膜，膜与膜接缝放在大垄中间，大垄宽 80cm，小垄宽 40cm，沟宽 10cm，沟深 5cm，沟中打孔点籽，膜上覆土掩籽，该技术均采用全膜覆盖双垄沟播机种植。

3. 选用抗旱品种

玉米选择种植了冀承单 3 号、承单 14、四单 19、铁源 24，马铃薯选择种植了克新 1 号、费乌瑞它、底西芮，胡麻选择种植了晋亚 7 号、龙亚 8 号、轮选 2 号，谷子选择种植了大同 30、山西红谷。

4. 有机、无机相结合，实现以肥调水

提高有机肥积沤质量，达到黑、湿、烂、臭标准，基肥亩施优质农家肥平均由过去的 500kg 增加到 1000kg，化肥施用利用测土配方施肥成果，因地因作物施用。玉米一般施配方肥（16-16-8）20～25kg/亩 + 碳铵 30～40kg/亩，马铃薯一般施配方肥（15-15-10）25～30kg/亩 + 碳铵 30～40kg/亩，胡麻一般施配方肥（16-16-8）10kg/亩。近几年，凉城县还引进推广了以有机质≥45% 的有机无机复合肥，以弥补人畜粪尿的不足，年施用量在 300～500t。

5. 耕作耙耱保墒

为达到秋雨春用，春旱秋防的目的，提高作物出苗率和成活率，作物收获后及时深耕 25cm，封冻前精细耙耱，"三九"磙地、顶凌再耙耱。

第六节　发展建设思路

旱作农业的最终目的是充分利用天上水和地下水，提高水资源利用率，工作的重点是控制土壤水分蒸发和作物蒸腾。为此，凉城县旱作农业总结过去的成功经验，提出以下旱作农业的发展建设思路和建议。

1. 继续抓好传统的抗旱耕作措施，逐步推广少耕技术

作物收获后，及时对土壤进行深耕翻，耕翻深度要达到 25cm，做到深浅一致，不漏耕、不重耕，耕翻后至上冻前，对土壤进行晒封，不进行耙耱，以充分熟化土壤和接纳更多的雨水。临冻前必须耙、耱各一次，使土壤上虚下实，起到保墒的作用。"三九"磙地一次，以压碎地表坷垃，填充土壤裂缝，防止土壤水分蒸发。春播前，再耙耱一次，起到提墒和保墒的作用。

少耕是近几年提倡的一种新的抗旱耕作技术，在凉城县部分地区得到了推广和应用，是缓解劳力不足，降低生产成本，增加土壤团粒结构，防止土壤水分散失行之有效的措施之一。其主要做法：一是夏秋季耕翻的土地，春播前不倒地；二是夏秋不耕翻留白茬，春播前进行耕翻，并且随耕翻随播种。凉城县采用的少耕技术，主要是夏秋不耕翻留白茬，春播前进行耕翻。对抓全苗、促壮苗起到很好的作用。

2. 做好抗旱品种的引进和推广工作

品种是作物增产的内因，选择具有抗旱耐旱的优良品种对于旱作地区来说，具有十分重要的现实意义。今后，凉城县要大力引进和推广适合旱作地区种植的抗旱品种。与内蒙古自治区农牧业科学院、内蒙古农业大学以及周边地区农业农村部门联系，引进试验具有抗旱、耐旱潜力的作物品种，逐步代替过去种植的一般品种。

3. 引导农民积极使用生物有机肥料

由于农家肥数量有限，加之近年来大量使用化肥，导致了土壤结构变劣，土体紧实板结，土壤保水保肥性能下降。生物有机肥是近年来研发推广的一种新型肥料，该肥料的大面积应用，是解决上述问题的有效措施。因此，今后要积极引导农民使用生物有机肥。

4. 研究和扩展地膜覆盖栽培的作物，大力推广全膜覆盖双垄沟播栽培技术

地膜覆盖栽培技术保墒作用显而易见，已被农民所认可，并且得到了大面积推广，但是目前只局限于在稀播作物上采用，今后要不断试验研究，在其他密植作物上使用。与生产覆膜播种机厂家合作，研发适合在密植作物上使用的覆膜播种机，以扩展地膜覆盖栽培的作物种类。

全膜覆盖双垄沟播技术与半膜覆盖栽培技术相比，具有明显的增温、集水、保墒作用，在旱作地区推广双增效果十分显著，因此在今后要大力推广，并且要加大政策与资金扶持力度，以逐步代替半膜覆盖。